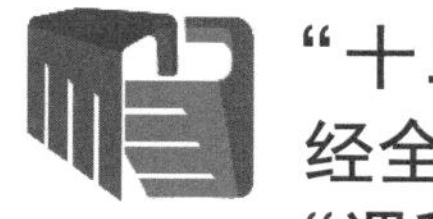

"十二五"职业教育国家规划教材
经全国职业教育教材审定委员会审定
"课程思政+核心素养+分层教学"立体化新理念教材

二维动画设计软件应用（Animate 2022）（第2版）

马玥桓　赵玲玉　◎主　编

杨春红　赵　晶　孙海龙　◎副主编

電子工業出版社
Publishing House of Electronics Industry
北京•BEIJING

内 容 简 介

本书从满足经济发展对高素质劳动者和技能型人才的需求出发，在课程结构、教学内容、教学方法等方面进行了新的探索与改革创新，以便学生更好地掌握课程内容，有利于学生理解理论知识和提高实际操作技能。

本书以岗位工作过程来确定学习任务和目标，综合提升学生的专业能力、过程能力和岗位能力，以具体的工作任务引领教学内容，并结合大量的动画案例，详细地讲解了二维动画知识和技能要点，让学生在完成动画案例的过程中，从实践的角度理解和掌握软件的操作技巧。

本书内容翔实、条理清晰、通俗易懂、知识点覆盖全面，配套教学资源和实训资源丰富，适合作为动画培训院校、职业院校动画和游戏相关专业的二维动画技术或相关课程的专业教材，同时也适合作为动画公司和动画爱好者的自学用书。

图书在版编目（CIP）数据

二维动画设计软件应用：Animate 2022 / 马玥桓，赵玲玉主编. —2 版. —北京：电子工业出版社，2023.10

ISBN 978-7-121-46379-2

Ⅰ. ①二… Ⅱ. ①马… ②赵… Ⅲ. ①动画制作软件 Ⅳ. ①TP391.414

中国国家版本馆 CIP 数据核字（2023）第 175355 号

责任编辑：杨 波

印 刷：北京瑞禾彩色印刷有限公司

装 订：北京瑞禾彩色印刷有限公司

出版发行：电子工业出版社

北京市海淀区万寿路 173 信箱　　邮编：100036

开 本：880×1230　1/16　印张：11　字数：254 千字

版 次：2016 年 6 月第 1 版

2023 年 10 月第 2 版

印 次：2024 年 8 月第 2 次印刷

定 价：48.00 元

凡所购买电子工业出版社图书有缺损问题，请向购买书店调换。若书店售缺，请与本社发行部联系，联系及邮购电话：（010）88254888，88258888。

质量投诉请发邮件至 zlts@phei.com.cn，盗版侵权举报请发邮件至 dbqq@phei.com.cn。

本书咨询联系方式：（010）88254584，yangbo@phei.com.cn。

PREFACE

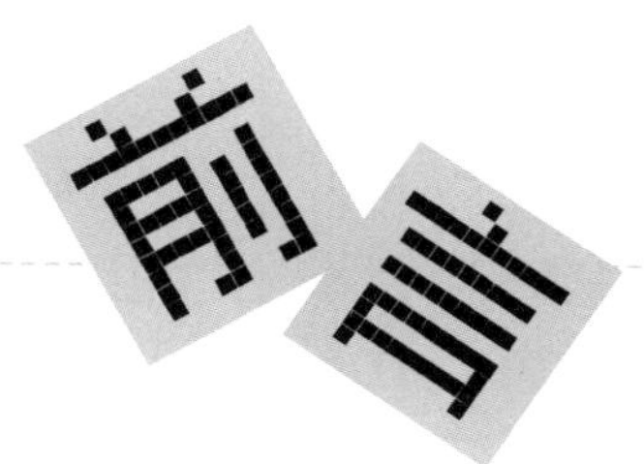

本书以党的二十大精神为统领，全面贯彻党的教育方针，落实立德树人根本任务，践行社会主义核心价值观，铸魂育人，坚定理想信念，坚定“四个自信”，为以中国式现代化全面推进中华民族伟大复兴而培育技能型人才。

为了符合《儿童青少年学习用品近视防控卫生要求（GB 40070—2021）》，本书的版式进行了调整，有利于保护视力。

本书特色

- 实用性强

本书编者都是从事动画教学研究多年的资深教学人员，具有丰富的教学实战经验和教材编写经验。本书是编者总结多年动画设计经验及教学的心得体会，同时结合动画行业调研和毕业生反馈，精心编写而成的，力求让学生通过本书全面、细致地学习二维动画制作的方法和技巧。

- 优质案例

本书案例数量和类型都非常丰富，实例内容经过编者的精心设计，在全面涵盖知识技能要点的同时，给学生传递积极健康的正能量，让学生在实践过程中潜移默化地掌握 Animate 软件的功能和使用方法。

- 突出能力培养

本书以全面提升学生实践应用能力为出发点，结合大量的案例来讲解如何使用 Animate 软件制作二维动画，不仅能保证学生学到知识，更重要的是能培养学生动画制作的实践能力，使其做到活学活用，学以致用。

本书内容

全书分为九个项目，全面、细致地讲解了 Animate 2022 的功能、用法和技巧，并且通过任务的形式，让知识点在丰富的案例中被反复地实践和运用，达到巩固的效果。具体知识内容如下：认识 Animate 软件界面，使用工具箱，绘制图形，新建图层与帧，编辑图形，认识元件、实例与库，认识 Animate 时间轴，掌握动画制作方法，制作引导路径动画和遮罩动画，添加 Animate 中的音频和视频，掌握交互功能和影片输出，制作二维动画片等。

课时分配

本书的设计宗旨之一，是便于不同层次的学生开展学习与自主探索。本书建议的教学课时为 72 课时，理论与实践课时占比大致为 1∶4，教师和学生可根据自身情况与培养需要，灵活安排授课。

课时分配表（仅供参考）

教学内容	理论（讲解与示范）	实训	合计
项目一　绘制图形	2	8	10
项目二　编辑图形	1	5	6
项目三　元件和库	2	6	8
项目四　时间轴和动画	2	8	10
项目五　引导路径动画和遮罩动画	1	5	6
项目六　技能强化训练	2	8	10
项目七　动画中的音频和视频	1	3	4
项目八　交互功能和影片输出	2	4	6
项目九　制作二维动画片	2	10	12
合计			72

本书编者

本书由马玥桓、赵玲玉担任主编，由杨春红、赵晶、孙海龙担任副主编，参与编写的人员还有张鑫娟、陈楠、邹维娇、张琴诗、邴纪纯、刘利杰、郑广思、王健、陈玲、魏利群、王欣、郑魏、刘健、马巍、杨尧。本书的编写得到了很多朋友的大力支持，感谢电子工业出版社的编辑，是你们高度的责任心和优秀的专业素质让本书能顺利出版。感谢选用本书的广大读者，你们的需求是我们创作的动力。

虽然编者几经斟酌，对本书内容和案例进行了更新和优化，但由于编者水平有限，书中难免存在疏漏之处，恳请广大读者给予批评指正。

教学资源

本书配套教学资源和实训资源丰富，易教易学。教学素材包的内容包括：教学指南、电子教案、教学 PPT、微课、教学案例素材、课后习题详解等。请有此需要的读者登录华信教育资源网免费注册后进行下载，如有问题请在网站留言板留言或与电子工业出版社联系。

编　者

目录

CONTENTS

绘制图形

项目一

项目导读

图形是二维动画的主要组成部分，它作为二维动画中最直观的载体，在动画设计过程中起着重要的作用，可以说图形质量的高低直接影响动画的品质。本项目将通过绘制人物形象与场景图形，使学生熟练掌握 Animate 2022 中的辅助工具、绘图工具、填充工具及任意变形工具的使用方法，并在图形绘制过程中依靠优美的造型、巧妙的构图及鲜明的色彩提高学生的审美意识和审美能力。

学会什么

① 辅助工具的使用方法

② 绘图工具的使用方法

③ 填充工具及面板的使用方法

④ 使用任意变形工具对线条进行编辑与修改的方法

项目展示

范例分析

本项目共有 4 个任务，综合使用各种绘图工具绘制丰富的图形，使学生熟练地掌握绘图工具、填充工具、任意变形工具等的使用方法。

任务 1 的作品如图 1-1 所示，该任务绘制了简单的卡通图形——洋葱头，使学生熟练掌握使用任意变形工具修改线条的方法和技巧。

任务 2 的作品如图 1-2 所示，该任务绘制了矢量图——卡通女孩，使学生熟练掌握使用钢笔工具编辑曲线及颜色填充的方法。

图 1-1　洋葱头

图 1-2　卡通女孩

任务 3 的作品如图 1-3 所示，该任务绘制了场景图形——阳光沙滩，使学生通过对图形的设计与绘制，灵活运用各种绘图工具及熟练掌握场景图形的绘制步骤。

任务 4 的作品如图 1-4 所示，该任务绘制了线条与色块——月光下的船，使学生熟练掌握图形的组合与剪切，以及渐变色的填充。

图 1-3　阳光沙滩

图 1-4　月光下的船

学习重点

本项目重点介绍绘制图形的基本知识，包括辅助工具、绘图工具、填充工具、任意变形工具等的使用方法，使学生增强对大自然和人类社会的热爱及自身责任感，提升创造美好生活的愿望与能力。

储备新知识

辅助工具

在 Animate 2022 中制作动画时，常常需要对某些对象进行精确定位，这时可以使用标尺、网格、辅助线这 3 种辅助工具来定位对象。

1. 标尺

选择“视图”菜单→“标尺”命令或按快捷键“Ctrl+Alt+Shift+R”，可以将标尺显示在编辑区的上边缘和左边缘处。在显示标尺的情况下，拖曳舞台上的对象，将在标尺上显示刻度线，以指出该对象的尺寸。再次选择“视图”菜单→“标尺”命令或按相应的快捷键，可以将标尺隐藏。

在默认情况下，标尺的度量单位是像素。如果需要更改标尺的度量单位，则可以通过选择“修改”→“文档”命令，在打开的“文档属性”对话框中的“标尺单位”下拉列表中选择相应的单位。

2. 网格

使用网格可以更加精确地排列对象，或者绘制一定比例的图形，还可以对网格的颜色、间距等参数进行设置，以满足不同的要求。

在 Animate 2022 中，选择“视图”菜单→“网格”子菜单→“显示网格”命令或按快捷键“Ctrl+,”，可以显示网格。再次选择“视图”菜单→“网格”子菜单→“显示网格”命令或按快捷键“Ctrl+,”，可以隐藏网格。

选择“视图”菜单→“网格”子菜单→“编辑网格”命令或按快捷键“Ctrl+Alt+G”，可以打开“网格设置”对话框。在该对话框中，可以对网格的颜色、间距进行编辑。

3. 辅助线

使用辅助线可以对舞台中的对象进行位置规划，并对各个对象的对齐和排列情况进行检查，还可以提供自动吸附功能。使用辅助线之前，需要将标尺显示出来。在显示标尺的情况下，使用鼠标分别在水平和垂直的标尺处向舞台中拖曳，就可以从标尺上拖曳出水平和垂直辅助线。

选择“视图”菜单→“辅助线”子菜单→“显示辅助线”命令或按快捷键“Ctrl+;”，可以显示辅助线。再次选择“视图”菜单→“辅助线”子菜单→“显示辅助线”命令或按快捷键“Ctrl+;”，可以隐藏辅助线。辅助线的属性也可以进行自定义，选择“视图”菜单→“辅助线”子菜单→“编辑辅助线”命令，可以打开“辅助线”对话框。在该对话框中，可以对辅助线进行编辑，如锁定、隐藏、贴紧至辅助线，全部清除辅助线，更改辅助线颜色等。

绘图工具

Animate 的工具箱位于工作界面的右侧，用户通过选择“窗口”菜单→“工具”命令或按快捷键“Ctrl+F2”，可以关闭或显示工具箱，如图 1-5 所示。

工具箱可分为 4 个区：工具区、查看区、颜色区和选项区。查看区的工具很容易理解，一个是手形工具，用于拖曳舞台，以便查看对象；另一个是放大镜工具，用于放大或缩小舞台的显示比例。

工具区中的主要绘图工具包括：钢笔工具、线条工具、矩形工具、传统画笔工具和流畅画笔工具等。

钢笔工具：钢笔工具本身具有绘图的功能，但也具有改变其他曲线的功能，可以在一条曲线之间增加或删减节点。俗话说“不会用钢笔工具就别说会用 Animate”，可见钢笔工具的重要性。在刚开始使用钢笔工具时，可能不太容易上手，不过大家不用操之过急，随着对软件的熟悉，逐渐就可以熟练运用了，如图 1-6 所示。

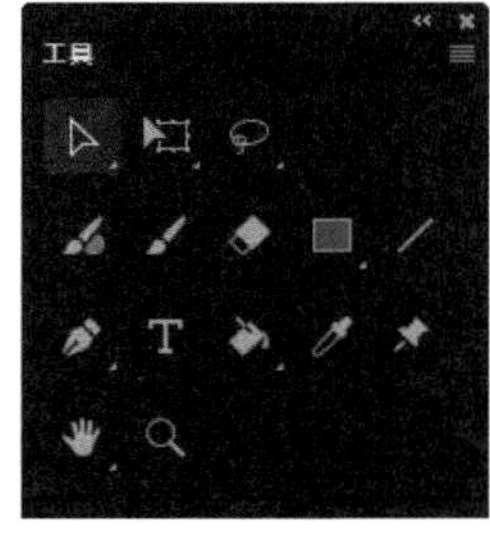

图 1-5 工具箱

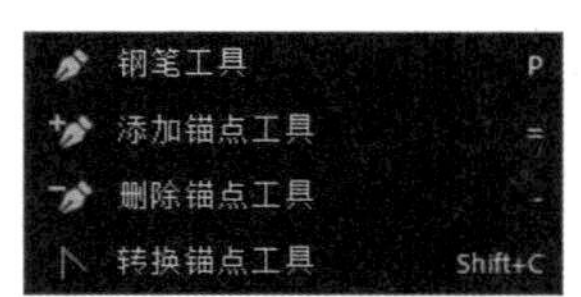

图 1-6 钢笔工具

线条工具：线条工具是 Animate 中常用的工具，也是创建元件动画必不可少的工具，功能包括抠图、描线等。与变形工具结合使用，能快速绘制出想要的图形。

矩形工具：单击矩形工具图标不放会出现更多图形，选择矩形工具或者圆形工具，可用鼠标在舞台上绘制出矩形或者椭圆形，如果按住“Shift”键不放，则画出的图形为正方形或圆形。基本矩形工具：可以画出带倾斜角的方形。基本椭圆工具：可以画出饼图形状等。多角星形工具：在属性的选项中，可以设置样式。

传统画笔工具：有了线条工具和钢笔工具，传统画笔工具显得逊色不少。传统画笔工具通常需要配合数位板进行绘图，适合有绘画功底的人使用。

流畅画笔工具：流畅画笔工具和传统画笔工具的不同之处在于，传统画笔为笔触状态，流畅画笔为填充状态。流畅画笔工具也是使用数位板的有绘画功底的人常用的工具。数位板安装驱动后，会增加“压感”选项。

填充工具

墨水瓶工具：墨水瓶工具用于以当前轮廓样式对对象进行描边。描边类型可以在“属性”面板中设置。

颜料桶工具：颜料桶工具用于以当前填充样式对对象或轮廓进行填充。它所对应的选项区中设置“空隙大小”的按钮有以下几种。

- **不封闭空隙** ：表示要填充的区域必须在完全封闭的状态下才能进行填充。
- **封闭小空隙** ：表示要填充的区域可以在小缺口状态下进行填充。
- **封闭中等空隙** ：对中等空隙进行自动封闭。
- **封闭大空隙** ：对大空隙进行自动封闭。

吸管工具：吸管工具用于获取对象的填充色或轮廓色。当使用吸管工具单击线条时，“属性”面板中显示的就是该线条的属性，此时所选工具自动变成颜料桶工具，之后可以使用它修改其他线条或填充的属性。

橡皮擦工具：橡皮擦工具用于擦除对象的填充轮廓。在选择橡皮擦工具后，选项区中显示的相关选项如下。

- **橡皮擦形状** ：选择一种橡皮擦的形状。
- **水龙头** ：可以一次性将鼠标单击处的整片区域擦除。
- **橡皮擦模式** ：可以选择某种方式擦除填充区域和轮廓，可选项如下。
  - ➢ **标准擦除** ：将经过的所有填充区域和轮廓擦除。
  - ➢ **擦除填色** ：将经过的所有填充区域擦除。
  - ➢ **擦除线条** ：将经过的所有轮廓擦除。
  - ➢ **擦除所选填充** ：将经过的已被选中的填充区域和轮廓擦除。
  - ➢ **内部擦除** ：将包含橡皮擦运动轨迹起点的对象的填充区域擦除。

- 使用倾斜 ：可以改变橡皮擦的角度。
- 使用压力 ：可以改变橡皮擦的压力值。

任务 1 绘制简单的卡通图形——洋葱头

作品展示

在 Animate 中，线条工具是最简单的绘图工具。本任务通过绘制简单的卡通图形——洋葱头来介绍线条工具的使用方法，最终效果如图 1-7 所示。

图 1-7 洋葱头效果

任务分析

使用线条工具绘制大致轮廓；使用任意变形工具（黑箭头）调整弧度；使用椭圆工具绘制鼻子和嘴等；使用颜料桶工具填充颜色。

任务实施

步骤 1 选择“文件”菜单→“新建”命令，新建一个 Animate 文档，并设置相关参数，如图 1-8 所示。

步骤 2 选择“图层_1”，使用线条工具（快捷键为“N”）在舞台中确定起点，单击并拖曳鼠标，在舞台上依次创建直线，绘制出卡通图形的大致轮廓，如图 1-9 所示。

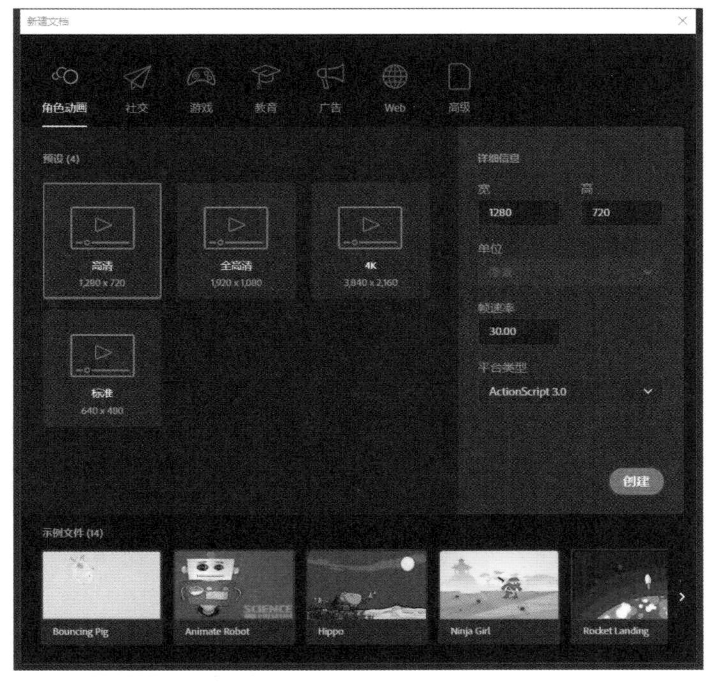

图 1-8 新建文档的参数设置

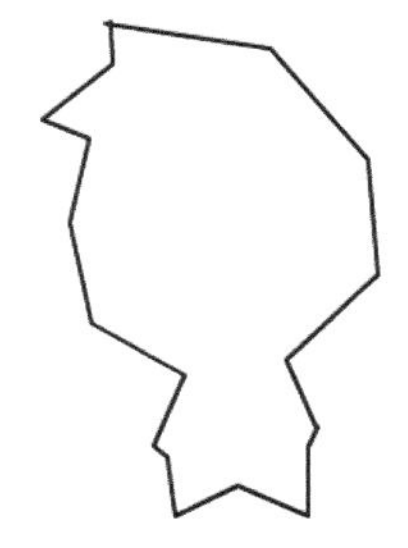

图 1-9 绘制出大致轮廓

步骤 3 使用任意变形工具，将鼠标指针移动到场景中卡通图形的轮廓上，待鼠标指针变成形状时，调整线条的弧度，如图 1-10 所示。

步骤 4 使用部分选取工具（快捷键为“A”）调整节点，使路径闭合，之后使用颜料桶工具填充黑色，如图 1-11 所示，如果是开放路径，则无法填充。

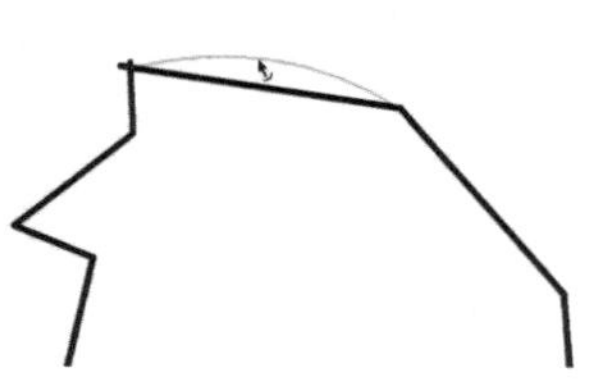

图 1-10 调整线条的弧度

图 1-11 调整路径并填充黑色

步骤 5 新建“图层_2”，同理，绘制内部白色轮廓，如图 1-12 所示。

步骤 6 新建“图层_3”，同理，绘制头发，并将“图层_3”置于“图层_2”下，如图 1-13 所示。

图 1-12 绘制内部白色轮廓

图 1-13 将“图层_3”置于“图层_2”下

步骤 7 新建“图层_4”，使用椭圆工具绘制鼻子和嘴，如图 1-14 所示。

步骤 8 新建“图层_5”，使用线条工具绘制树叶、线条等，完成的作品效果如图 1-15 所示。

图 1-14 绘制鼻子和嘴

图 1-15 完成的作品效果

任务经验

本任务着重练习了线条工具的使用、颜色的填充，以及任意变形工具的使用，其中进行颜色填充的前提是路径必须封闭，如果无法填充颜色，则需要放大图形，找到断点并进行路径的闭合。

任务 2 绘制矢量图——卡通女孩

 作品展示

在人物设定中，Q 版人物不好把握，这是由于 Q 版人物的比例很夸张，本任务最终效果如图 1-16 所示。

图 1-16 卡通女孩效果

 任务分析

使用钢笔工具、线条工具绘制大致轮廓；使用任意变形工具（黑箭头）调整弧度；使用椭圆工具绘制眼睛、耳朵等；使用线条工具绘制衣服；使用颜料桶工具填充颜色。

 任务实施

步骤 1 选择“文件”菜单→“新建”命令，新建一个 Animate 文档，并设置相关参数，如图 1-17 所示。

步骤 2 使用钢笔工具（快捷键为“P”）在舞台中确定起点，单击并拖曳鼠标，在舞台上依次创建其他锚点。当鼠标指针移动到起点位置时，鼠标指针的右下方会出现一个小圆圈，在鼠标指针的右下方出现小圆圈时单击，可以创建闭合曲线。按住“Ctrl”键的同时在添加的锚点上单击，调出控制柄，拖曳控制柄，调整曲线的弧度。使用同样的方法调整其他锚点以控制曲线的形状，绘制人物的帽子轮廓，并将“图层_1”重命名为“帽子”，如图 1-18 所示。

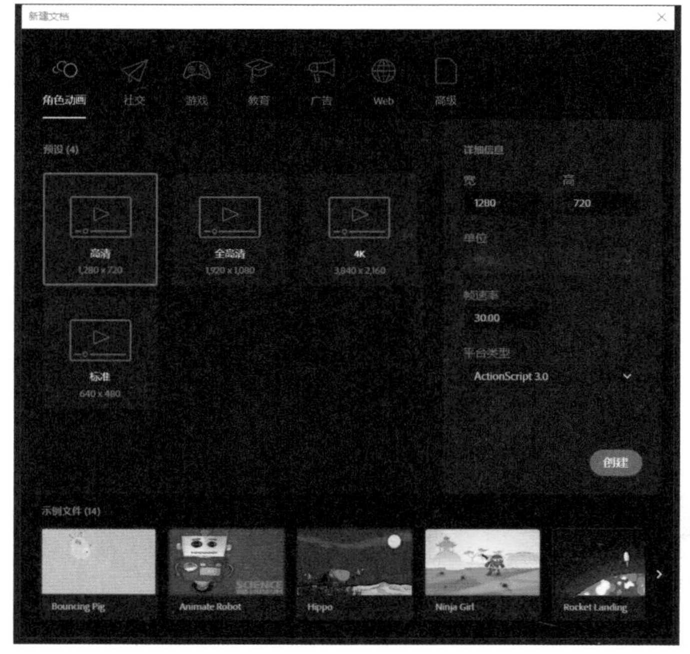

图 1-17 新建文档的参数设置

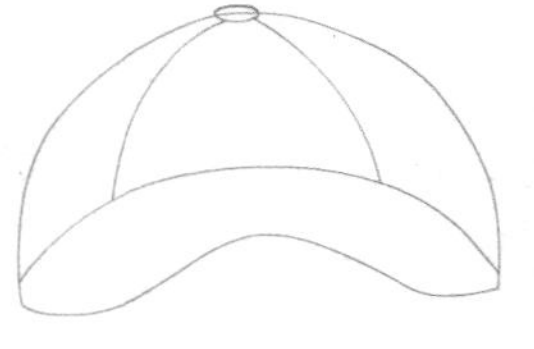

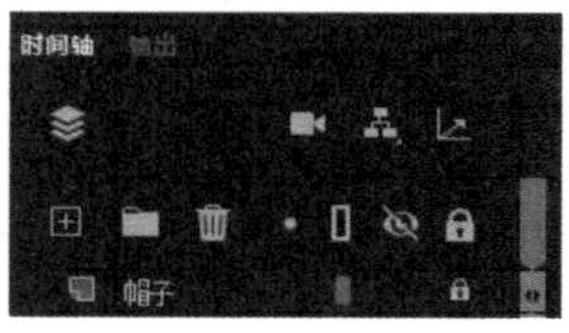

图 1-18 绘制帽子轮廓并重命名图层

步骤 3　使用颜料桶工具设置填充色，如图 1-19 所示。将颜料桶工具移动到帽子区域内并单击，为帽子填充颜色，如图 1-20 所示。

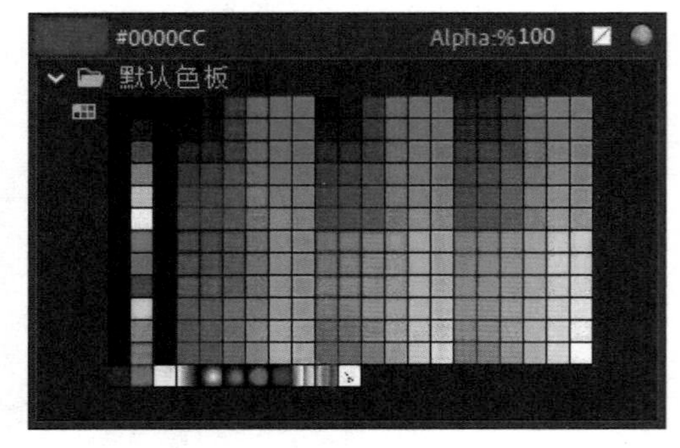

图 1-19　设置填充色

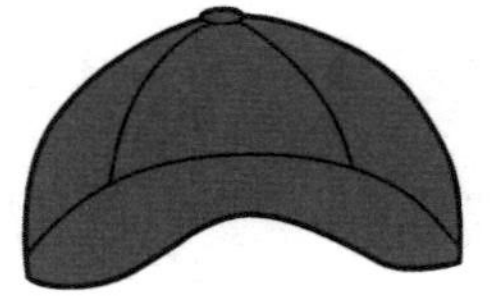

图 1-20　为帽子填充颜色

步骤 4　新建“脸”图层，并将该图层置于“帽子”图层下，绘制脸部轮廓，如图 1-21 所示，并为其填充皮肤色。

步骤 5　新建“耳朵”图层，使用椭圆工具绘制椭圆形，使用任意变形工具拖曳出不规则图形（耳朵轮廓），为其填充皮肤色，并调整图层顺序，如图 1-22 所示。

图 1-21　绘制脸部轮廓

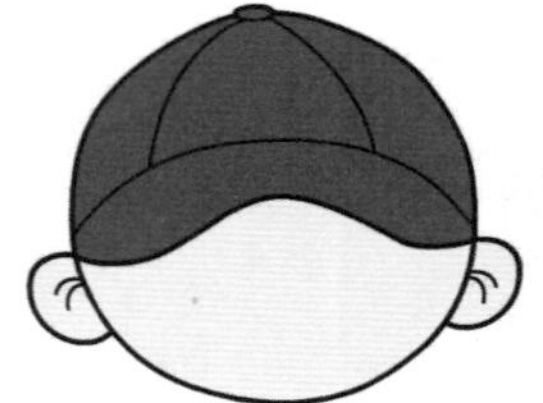

图 1-22　绘制耳朵轮廓并调整图层顺序

步骤 6　新建“眼睛”图层，使用椭圆工具绘制眼睛，在“颜色”面板中选择“线性渐变”填充，如图 1-23 所示。

步骤 7　选择眼睛，右击，在弹出的快捷菜单中选择“复制（Ctrl+C）”和“粘贴（Ctrl+V）”命令，使用任意变形工具使其水平翻转，如图 1-24 所示。

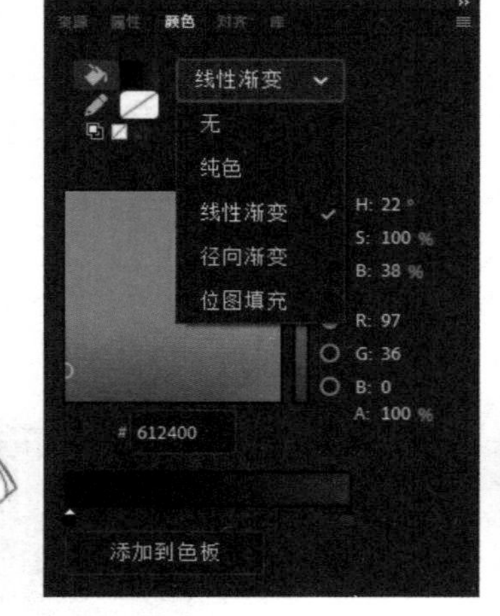

图 1-23　绘制眼睛并选择“线性渐变”填充

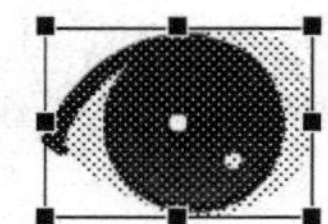

图 1-24　复制、粘贴并水平翻转眼睛

步骤 8 新建“五官”图层，使用线条工具绘制眉毛、鼻子、嘴等的大致形状，使用任意变形工具拖曳出弧线，如图 1-25 所示。

步骤 9 新建“面部阴影”图层，并将该图层置于“头发”图层下、“脸”图层上，使用钢笔工具绘制阴影，为其填充深肤色，如图 1-26 所示。

图 1-25 绘制五官

图 1-26 绘制面部阴影并为其填充深肤色

步骤 10 绘制椭圆形，并旋转一定角度，填充渐变色，取消描边，如图 1-27 所示。

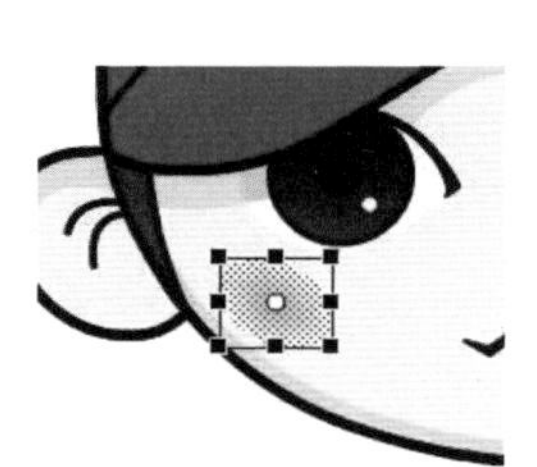

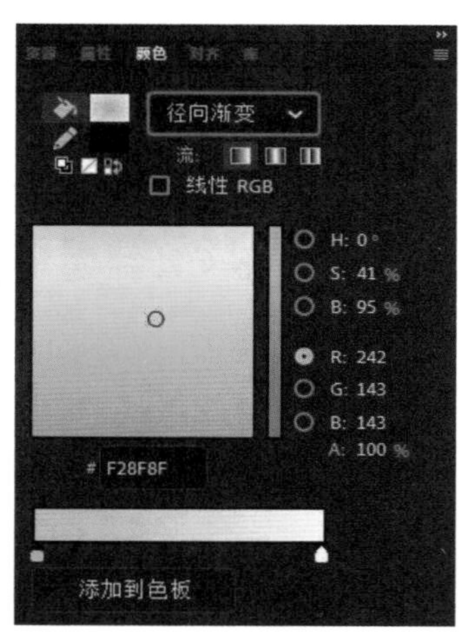

图 1-27 绘制红脸蛋

步骤 11 分别新建“衣服”“裤子”“鞋子”图层，注意图层顺序，使用线条工具绘制衣服，如图 1-28 所示。

步骤 12 新建“背景”图层，绘制人物背景，使作品更加完善，如图 1-29 所示。

图 1-28 绘制衣服

图 1-29 绘制人物背景

任务经验

本任务着重练习了钢笔工具的使用及颜色、渐变色的填充。其中钢笔工具最强的功能在于绘制曲线，不仅可以对图形进行精准的设计，还可以对路径节点进行编辑，如调整路径、增加节点、将节点转化为角点及删除节点等。

任务 3 绘制场景图形——阳光沙滩

作品展示

场景设计既要求有高度的创造性，又要求有很强的艺术性。场景的造型形式是体现作品整体风格、艺术追求的重要因素，可以直接体现出动画的空间结构、色彩搭配、绘画风格。

自然场景图形的绘制在动画片中随处可见，要想设计符合情节的自然场景图形，必须打好美术基础，掌握自然界中天空、云朵、海、沙滩等的画法，本任务最终效果如图 1-30 所示。

图 1-30　阳光沙滩效果

任务分析

使用线条工具绘制大致轮廓；使用钢笔工具进一步刻画细节；使用任意变形工具（黑箭头）调整弧度；使用颜料桶工具填充颜色及渐变色。

任务实施

步骤 1　选择“文件”菜单→“新建”命令，新建一个 Animate 文档，并设置相关参数，如图 1-31 所示。

步骤 2　在舞台上绘制海平面、沙滩和遮阳伞的大概位置，如图 1-32 所示。

步骤 3　使用线条工具绘制大致轮廓，即天空、白云和遮阳伞的大致轮廓，如图 1-33 所示。

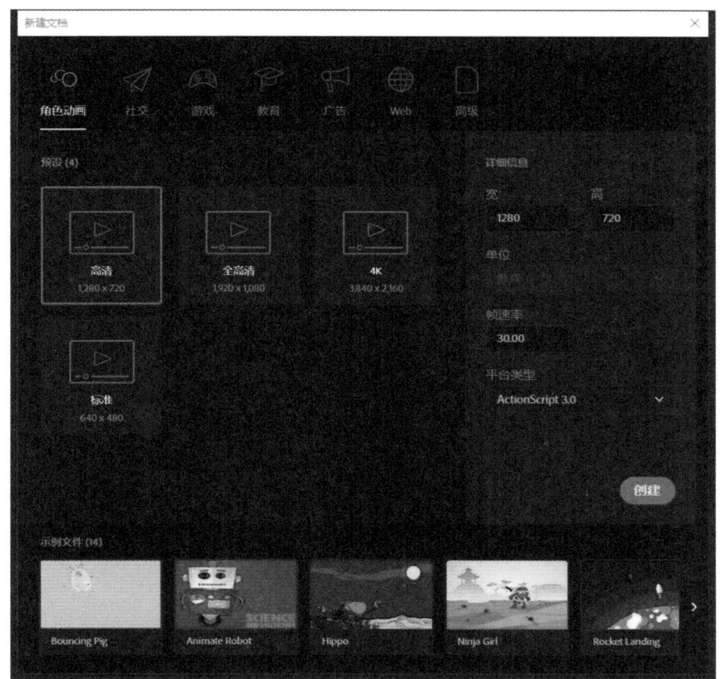

图 1-31 新建文档的参数设置

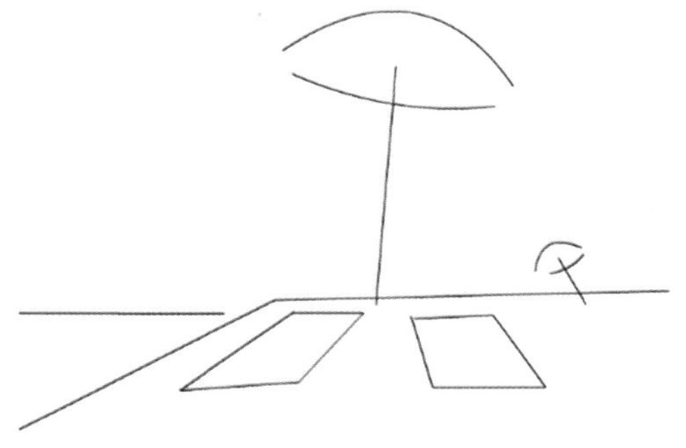

图 1-32 绘制大概位置

图 1-33 绘制大致轮廓

步骤 4 使用钢笔工具进一步刻画细节，完成轮廓的绘制，注意线条要平滑，如图 1-34 所示。

步骤 5 为画面上色，沙滩使用淡淡的土黄色，海面使用深蓝色，天空使用径向渐变色，遮阳伞使用蓝绿相间的颜色，如图 1-35 所示。

图 1-34 刻画细节

图 1-35 为画面上色

步骤 6　给暗部上色，先画出明暗交界线，再填充暗部颜色，如图 1-36 所示。

步骤 7　删除明暗交界线，并绘制海水波浪的形状，使用阳光、帆船、贝壳、海鸥等点缀画面，最终效果如图 1-37 所示。

图 1-36　给暗部上色

图 1-37　最终效果

任务经验

本任务着重练习了线条工具的使用及任意变形工具的使用，以加强对烦琐图形精细绘制的能力。

任务 4　绘制线条与色块——月光下的船

作品展示

在 Animate 2022 中，椭圆工具是使用频率较高的绘图工具，恰当地使用椭圆工具可以绘制出各种各样简单而又生动的图形。本任务最终效果如图 1-38 所示。

图 1-38　月光下的船效果

任务分析

使用椭圆工具绘制月亮、云朵、波浪；使用多角星形工具绘制星星。

任务实施

步骤 1 选择“文件”菜单→“新建”命令，新建一个 Animate 文档，并设置相关参数，如图 1-39 所示。

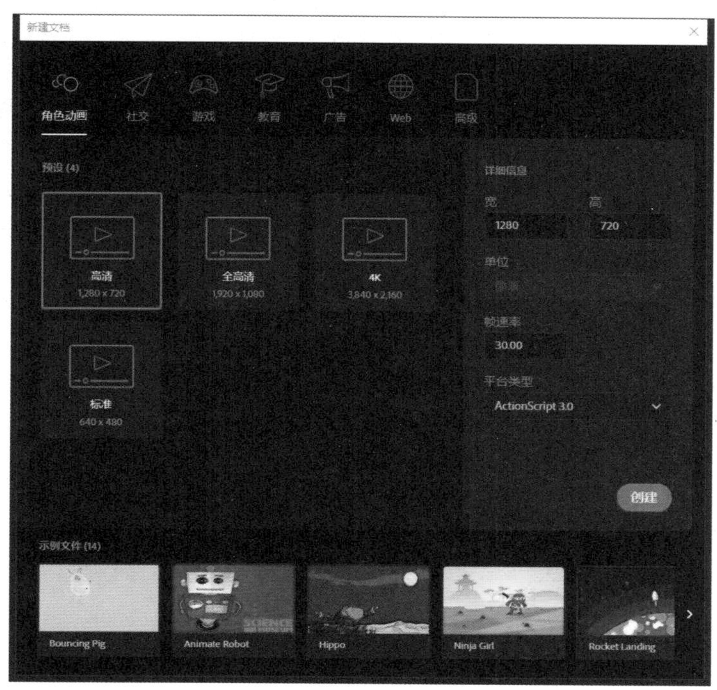

图 1-39 新建文档的参数设置

步骤 2 选择“图层 1”，绘制舞台大小的矩形，并填充径向渐变色，制作夜空效果，如图 1-40 所示。

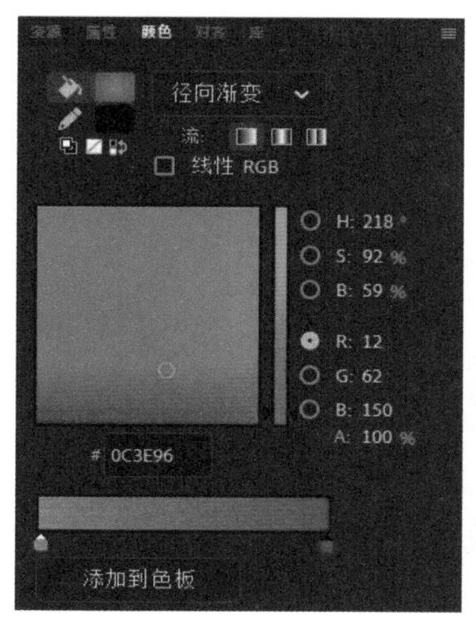

图 1-40 制作夜空效果

步骤 3 新建“星星”图层，使用多角星形工具，填充径向渐变的黄白色，并设置“星形”样式，如图 1-41 所示。

步骤 4 复制星星图形，改变图形大小，形成星空效果，如图 1-42 所示。

步骤 5　新建“波浪 1”图层，绘制蓝色矩形，如图 1-43 所示。

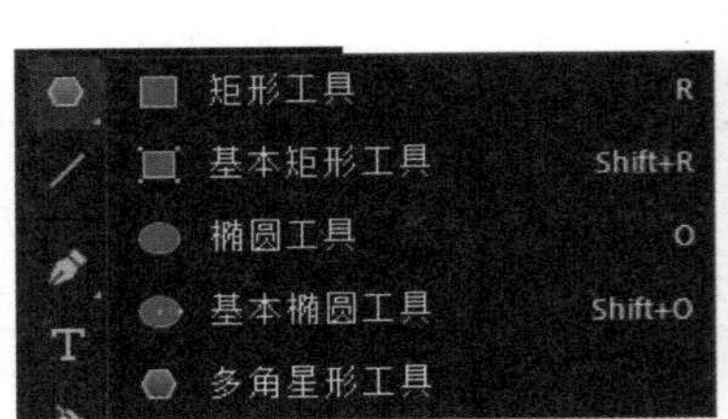

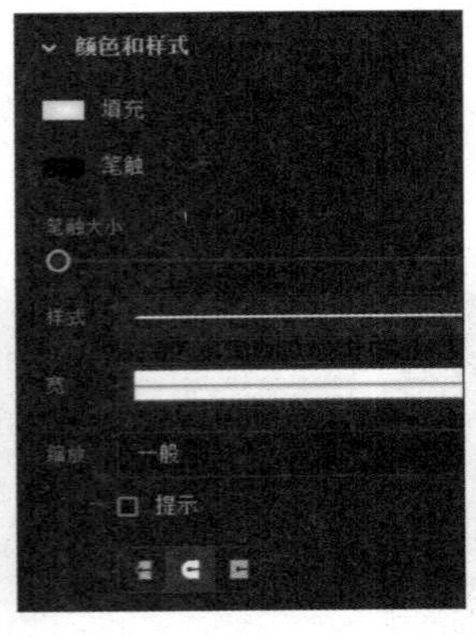

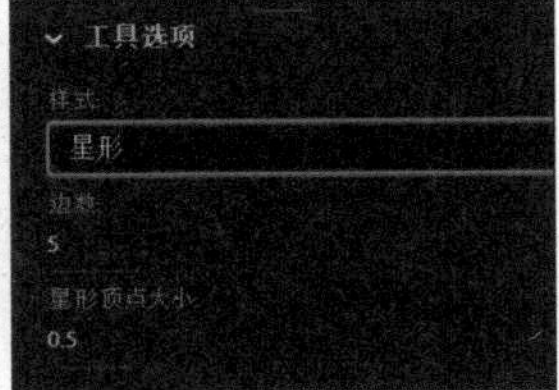

图 1-41　绘制星星

图 1-42　星空效果

图 1-43　绘制蓝色矩形

步骤 6　使用椭圆工具绘制圆形（按住“Shift”键可以绘制圆形）并将它们排列于矩形上方，如图 1-44 所示。

步骤 7　删除圆形，形成剪切波浪效果，如图 1-45 所示。

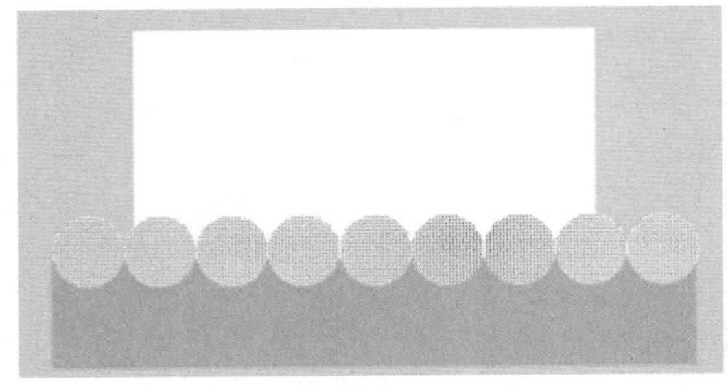

图 1-44　绘制圆形并排列于矩形上方

图 1-45　剪切波浪效果

步骤 8　将波浪形状复制到新建图层“波浪 1 阴影”中，置于“波浪 1”图层下，填充黑色效果，并使用同样的方式新建“波浪 2”“波浪 3”图层，绘制波浪，如图 1-46 所示。

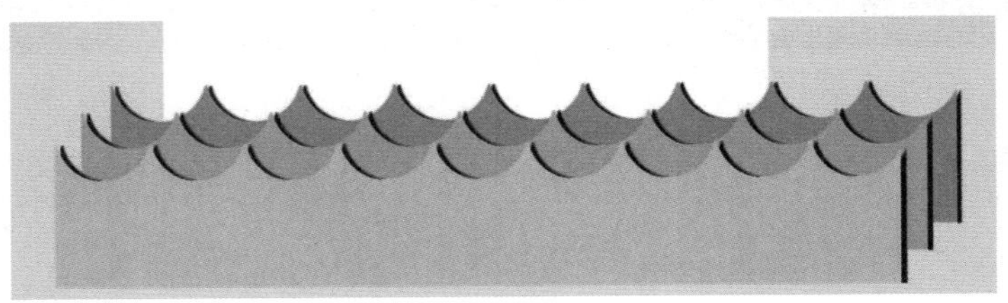

图 1-46　绘制波浪

步骤 9 新建“云朵”图层，使用椭圆工具绘制云朵，并填充径向渐变色，效果如图 1-47 所示。

图 1-47 绘制云朵并填充径向渐变色

步骤 10 将云朵形状复制到新建图层“云朵阴影”中，填充灰色，选择“修改”菜单→“形状”子菜单→“柔化填充边缘”命令，在打开的“柔化填充边缘”对话框中设置相关参数，效果如图 1-48 所示。

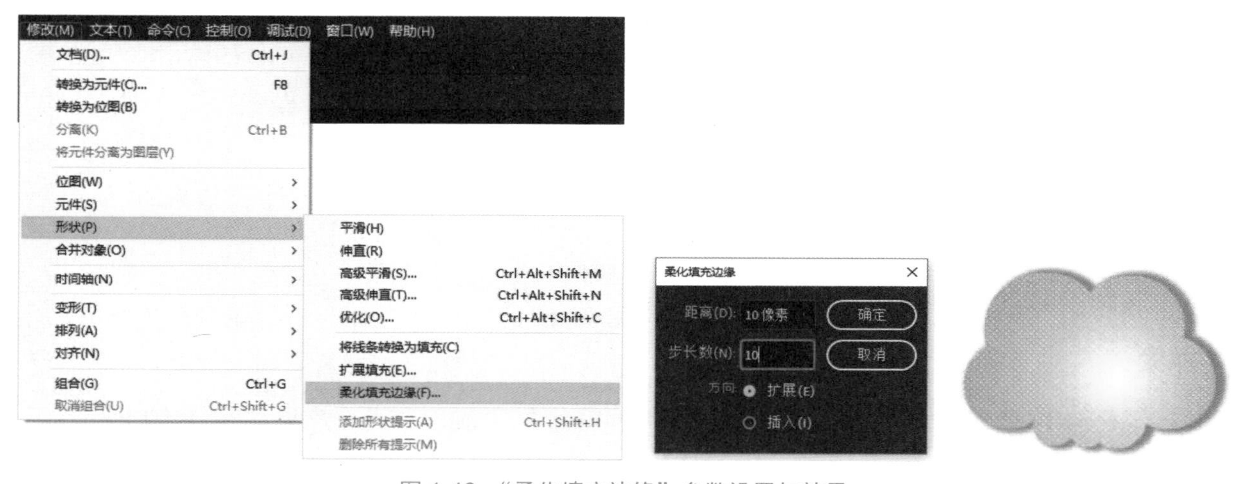

图 1-48 “柔化填充边缘”参数设置与效果

步骤 11 新建“月亮”图层，使用椭圆工具绘制月亮，并柔化边缘，效果如图 1-49 所示。

步骤 12 新建“小船”图层，使用线条工具绘制小船，效果如图 1-50 所示。

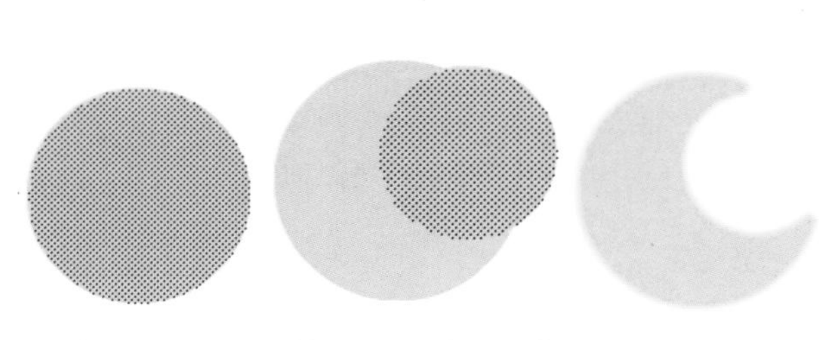

图 1-49 绘制月亮

图 1-50 绘制小船

步骤 13 新建图层，置于顶层，制作一个黑色幕布，以防止穿帮。具体方法为：使用矩形工具绘制一个大的黑色矩形，选取黑色矩形中与舞台重合的部分并删除。黑色幕布不影响舞台画面的展现，同时实现了对舞台以外区域的遮挡，效果如图 1-51 所示。

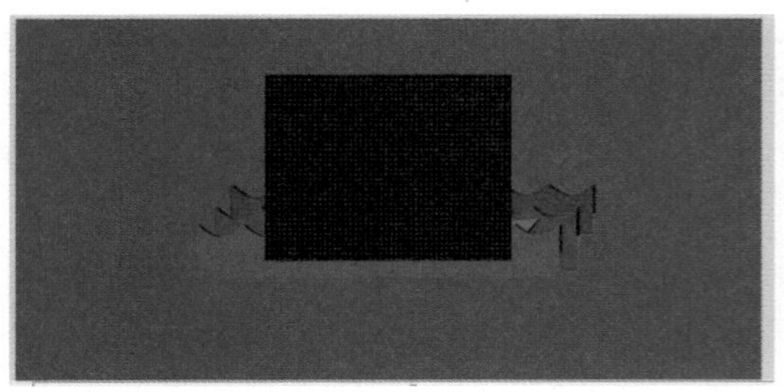

图 1-51　黑色幕布效果

任务经验

本任务着重练习了椭圆工具的使用、图形的组合与剪切、径向渐变色的填充、边缘柔化效果的制作。

思考与探索

思考：

1．使用什么工具能够绘制直线？

2．在使用钢笔工具的过程中分别按住“Shift”“Ctrl”键时会产生什么效果？

3．线性渐变与径向渐变的区别是什么？

4．椭圆工具的组合与剪切功能如何使用？

探索：

1．综合使用所学的绘图工具，练习绘制小猫角色“淘气灰”，效果如图 1-52 所示。

2．综合使用所学的绘图工具，练习绘制场景图形“校园一角”，效果如图 1-53 所示。

图 1-52　“淘气灰”效果

图 1-53　“校园一角”效果

项目小结

项目一是 Animate 2022 软件教学中的基础内容之一，通过绘制简单的卡通图形、矢量图、场景图形和线条与色块，讲解了二维动画常用的辅助工具、绘图工具、填充工具及任意变形工具的使用方法，希望大家能够大胆创意，运用艺术手法绘制出更加精美的图形，为动画增添活力。

编辑图形

项目二

项目导读

在使用 Animate 绘制图形时，很难做到一步到位，通常需要经过不断的修改和调整，才能得到理想的效果，这时就需要使用各种编辑工具对图形进行细致处理了。本项目将介绍 Animate 2022 的图形编辑工具。

学会什么

① 图形的旋转
② 图形的对齐
③ 图形的变形
④ 位图在 Animate 中的应用

项目展示

范例分析

本项目共有 4 个任务，分别使用图形编辑工具，对图形进行旋转、对齐、变形等操作，并介绍了位图在 Animate 中的应用。

任务 1 的作品如图 2-1 所示，该任务绘制了美丽的星形花，帮助学生深入了解旋转的概念，并熟练掌握图形旋转的方法和技巧。

任务 2 的作品如图 2-2 所示，该任务绘制了齿轮，帮助学生了解和掌握图形对齐、变形的方法。

图 2-1　星形花

图 2-2　齿轮

任务 3 的作品如图 2-3 所示，该任务绘制了箭头，并对箭头进行变形操作，帮助学生深入了解和掌握任意变形工具的使用方法。

任务 4 的作品如图 2-4 所示，在新建文件中导入一幅位图，帮助学生了解位图在 Animate 中的应用。

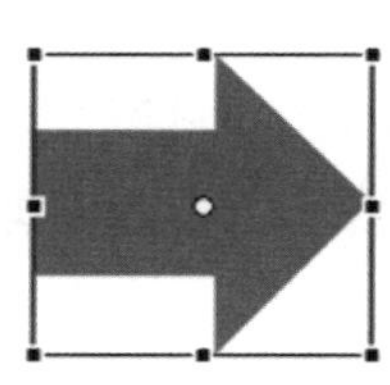
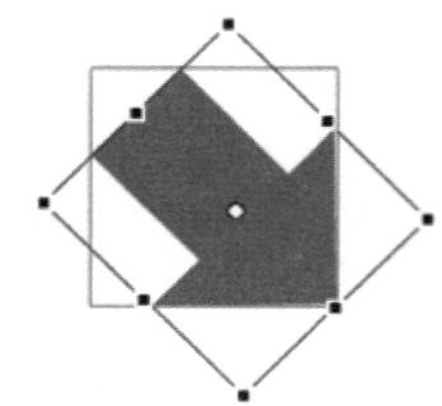

图 2-3　箭头变形

图 2-4　中秋佳节海报

学习重点

本项目重点介绍编辑图形的基本知识，包括使用图形编辑工具进行图形的旋转、变形、对齐等操作，以及位图在 Animate 中的应用。

储备新知识

图形编辑工具

1. 选择工具

使用选择工具可以选择、移动或改变对象的形状。首先选择该工具，然后移动鼠标指针到直线的端点处，当鼠标指针右下角变成直角形状时，拖曳鼠标指针就可以改变线条的方向和长度，如图 2-5 所示。

将鼠标指针移动到线条上，鼠标指针右下角会变成弧线形状。此时拖曳鼠标指针，可以将直线变成曲线，如图 2-6 所示。

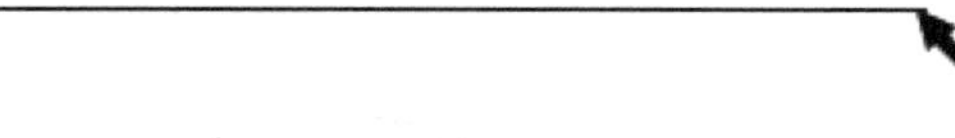

图 2-5　改变线条方向和长度

图 2-6　将直线变成曲线

2. 部分选取工具

使用鼠标左键长按选择工具，会发现部分选取工具，该工具用来编辑曲线轮廓，如拖曳轮廓的节点或节点切线来改变对象的轮廓形状，或者拖曳整个轮廓来移动对象。使用该工具单击选中的节点后，按“Delete”键，可以将选中的节点删除。

3. 套索工具

选择套索工具后，长按鼠标左键，选项区中会出现套索工具、多边形工具和魔术棒 3 种模式。

套索工具：在该模式下，可以选择图形中不规则形状的区域，被选定的区域可以作为一个单独的对象进行移动、旋转或变形。

多边形工具：在该模式下，将按照鼠标单击点所围成的多边形区域进行选择。

魔术棒：在该模式下，使用鼠标单击可以选取相近或相同颜色的区域。

4. 任意变形工具

任意变形工具用来改变和调整对象的形状，与任意变形工具类似的图形编辑工具还有缩放、旋转、翻转、倾斜、扭曲、封套等。在 Animate 2022 中，选择“编辑”菜单→“变形”子菜单，可以在该子菜单中找到这些工具对应的命令。

使用任意变形工具前，需要先确认当前只有一个对象处于选中状态，否则将不能进行任意变形操作。选中对象后，单击任意变形工具，选中的对象上将出现一个矩形，且带有 8 个端点和 1 个中心点，这些点称为控制点。拖曳这些控制点可以实现对象的变形。

任意变形工具还集合了渐变变形工具，该工具可以对已经存在的填充进行调整，包括线性渐变填充、放射状渐变填充及位图填充，通过调整填充的大小、方向或中心点，可以使填充变形。

任务 1 图形的旋转——星形花

作品展示

本任务将绘制一个漂亮的星形花，让学生练习使用图形编辑工具进行图形的旋转，其最终效果如图 2-7 所示。

图 2-7 星形花效果

任务分析

本任务要求学生掌握任意变形工具的使用方法。

任务实施

步骤 1 新建 Animate 文档，保存并命名为“绘制星形花”。

步骤 2 绘制一个花瓣。选择线条工具，在“属性”面板中设置“笔触”为黑色，“线宽”为 3，按住“Shift”键绘制一条垂直的直线。

步骤 3 使用选择工具调整直线为弧形，如图 2-8 所示。

步骤 4 确定“贴紧至对象”按钮处于按下状态，使用线条工具连接两个端点，如图 2-9 所示。

步骤 5 再次使用选择工具调整直线为弧形，如图 2-10 所示。

图 2-8　调整直线为弧形

图 2-9　绘制直线

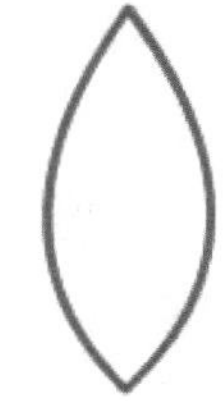

图 2-10　再次调整直线为弧形

步骤 6　再次使用线条工具从顶点向下绘制一条直线，如图 2-11 所示，并使用选择工具将其调整为弧形。

步骤 7　设置“填充颜色”为粉红色，使用颜料桶工具为花瓣填充颜色，如图 2-12 所示。

步骤 8　使用选择工具双击花瓣以选中它，之后使用任意变形工具将变形中心点移动到花瓣的中心位置，如图 2-13 所示。

图 2-11　绘制一条直线

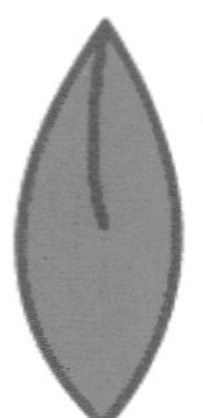

图 2-12　为花瓣填充颜色

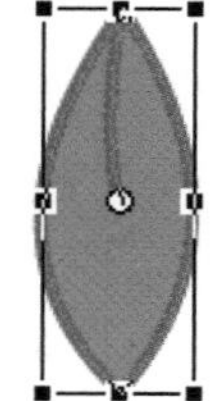

图 2-13　移动变形中心点（1）

步骤 9　选择“窗口”菜单→“变形”命令，或者按快捷键“Ctrl+T”调出“变形”面板，在“旋转”文本框中输入“40”，如图 2-14 所示，并连续单击“重置选区和变形”按钮 8 次，效果如图 2-15 所示。

步骤 10　使用选择工具删除多余的线条，如图 2-16 所示，并将右边花瓣的左边线选中，如图 2-17 所示。使用任意变形工具将其变形中心点移动到下方，如图 2-18 所示。在“变形”面板中的“旋转”文本框中输入“-40”，具体参数设置如图 2-19 所示，单击“复制并应用变形”按钮，完成作品。

图 2-14　“变形”面板

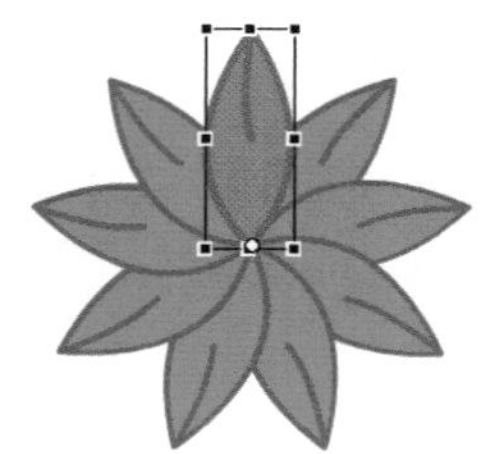

图 2-15　将一个花瓣旋转复制 8 次

图 2-16　删除多余的线条

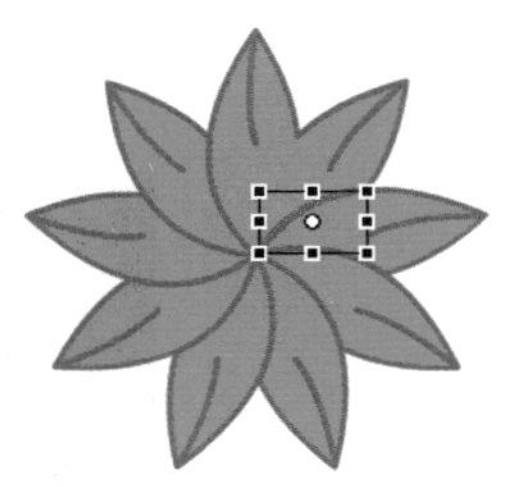
图 2-17　选中左边线

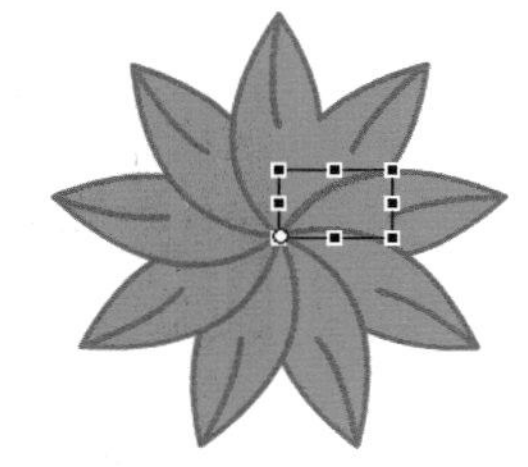
图 2-18　移动变形中心点（2）

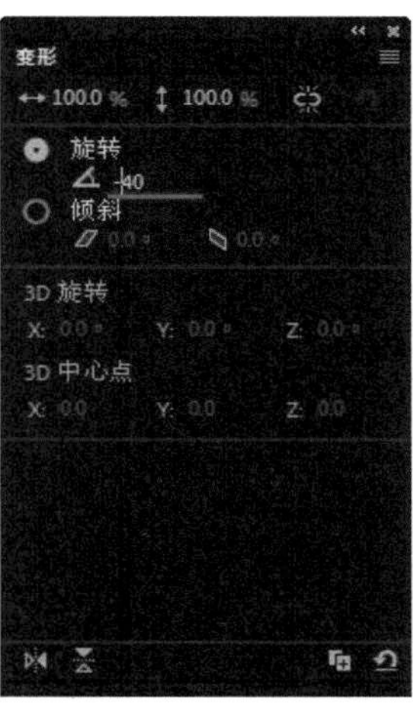

图 2-19　“变形”面板的参数设置

任务经验

本任务在绘制过程中，需要对变形中心点的位置进行设置。

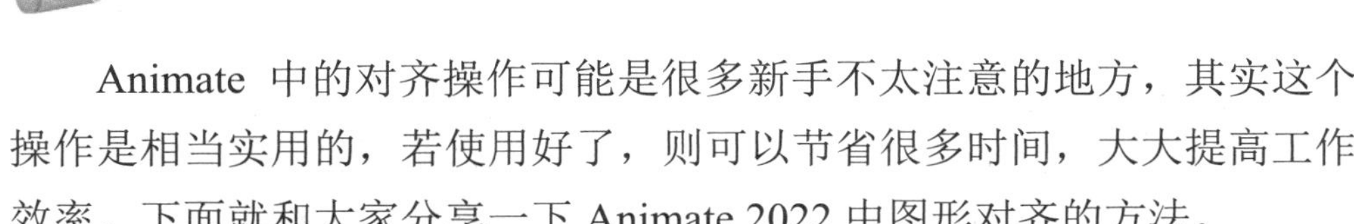

任务 2　图形的对齐——齿轮

作品展示

本任务将制作一个齿轮，让学生练习使用图形编辑工具进行图形的对齐，其最终效果如图 2-20 所示。

图 2-20　齿轮效果

任务分析

Animate 中的对齐操作可能是很多新手不太注意的地方，其实这个操作是相当实用的，若使用好了，则可以节省很多时间，大大提高工作效率。下面就和大家分享一下 Animate 2022 中图形对齐的方法。

任务实施

步骤 1　在场景中的任意位置绘制一个圆形，不填充颜色，如图 2-21 所示。

步骤 2　按快捷键“Ctrl+K”调出“对齐”面板，确认勾选“与舞台对齐”复选框，分别单击“水平居中”“垂直居中”按钮，如图 2-22 所示。

步骤 3　在舞台中的任意位置绘制一条直线，使其长度目测大于圆形的直径即可，最好不要和圆形交叉，不然会增加麻烦，如图 2-23 所示。

步骤 4　选中步骤 3 中绘制的直线，先按快捷键“Ctrl+C”复制直线，再按快捷键“Ctrl+Shift+V”原地粘贴。此时直线为选中状态（不要单击舞台中的任意位置），使用任意变形工具对选中的直线进行 90° 旋转操作，使两条直线形成“十”字形，之后双击“十”字形，在“对齐”面板中勾选“与舞台对齐”复选框，如图 2-24 所示。

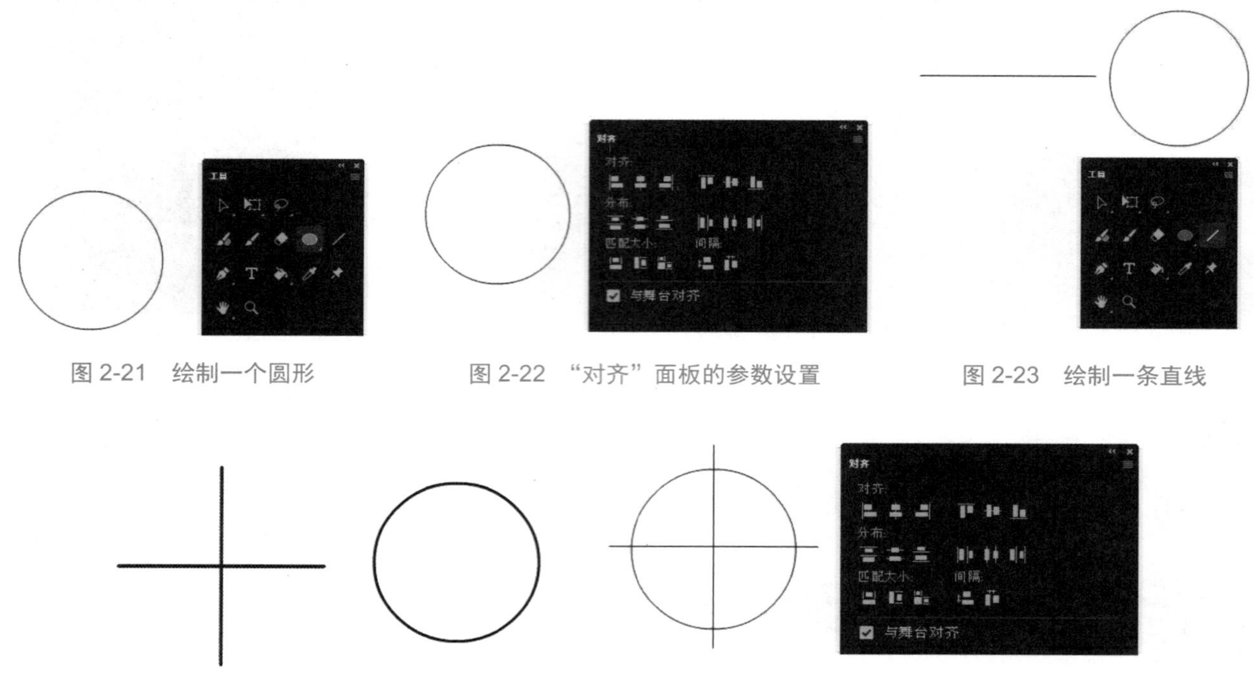

图 2-21　绘制一个圆形　　图 2-22　“对齐”面板的参数设置　　图 2-23　绘制一条直线

图 2-24　旋转直线并调整直线位置

步骤 5　在舞台中的任意位置绘制一个矩形，最好使其不要和其他线交叉，并双击选中矩形，如图 2-25 所示。

步骤 6　使用相对于舞台“垂直居中”对齐的方式，使矩形和其他图形垂直居中，并使用方向键进行微调，使矩形位于一个合适的位置，如图 2-26 所示。

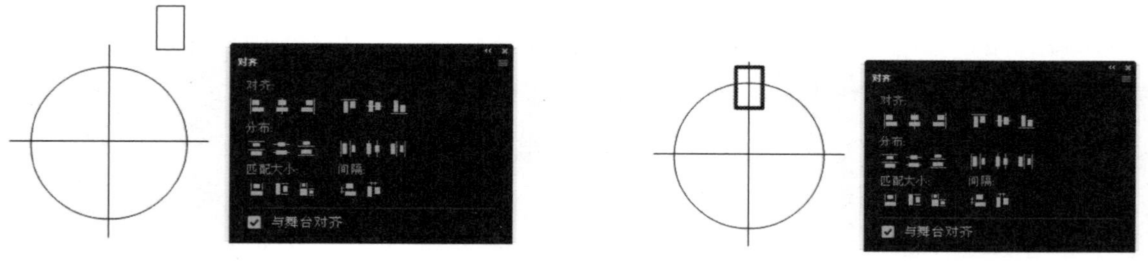

图 2-25　绘制一个矩形　　图 2-26　调整矩形的位置

步骤 7　按“V”键，使用选择工具选中矩形，使用任意变形工具将变形中心点移动到“十”字形的中心点（此时，矩形的中心点会自动捕捉“十”字形中心点的位置，使操作更容易），效果如图 2-27 所示。

步骤 8　按快捷键“Ctrl+T”调出“变形”面板，将旋转的角度设置为 30°（这个数值可以根据设计要求设置，决定了齿的数量。注意，对象每转动一次面板中的数值就增加 30°），如图 2-28 所示。

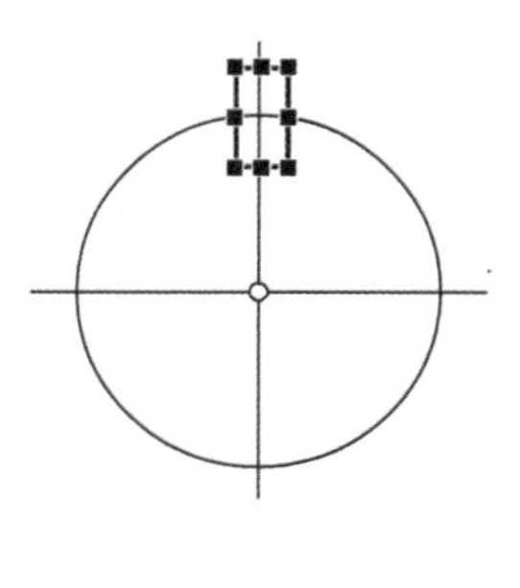
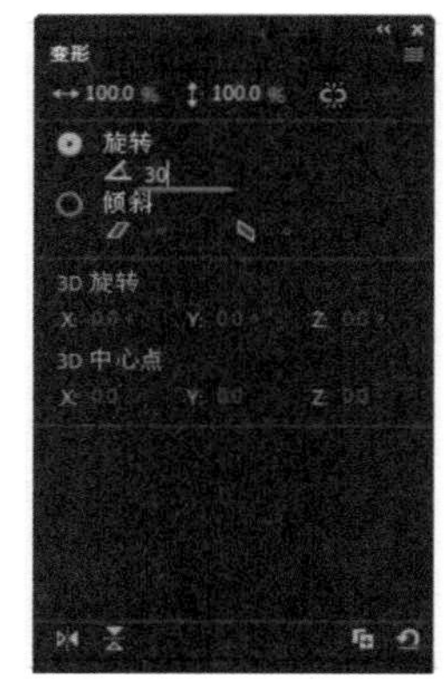

图 2-27　移动变形中心点

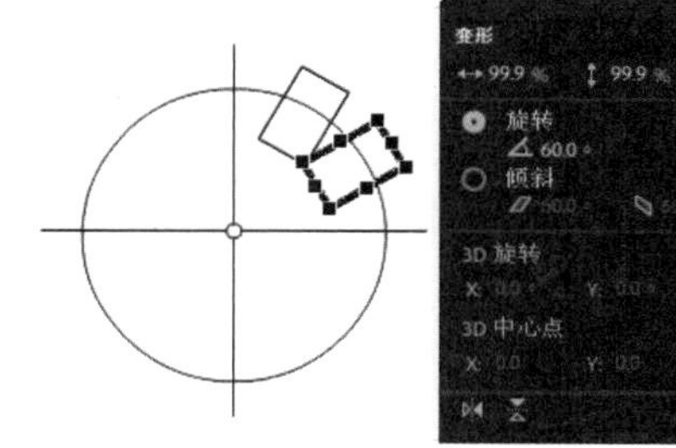

图 2-28　设置旋转的角度

步骤 9　单击下面的“重置选区和变形”按钮，可以看到，这里以 30° 的角度，并以“十”字形的交叉点为中心点，旋转复制出了一个矩形，如图 2-29 所示。

步骤 10　连续单击“重置选区和变形”按钮，形成如图 2-30 所示的效果。

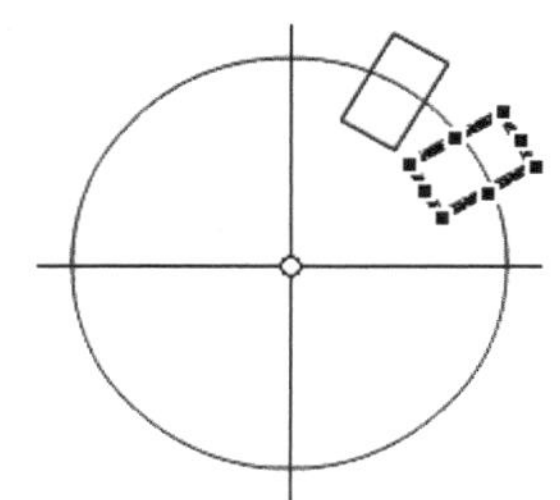

图 2-29　旋转复制一个矩形

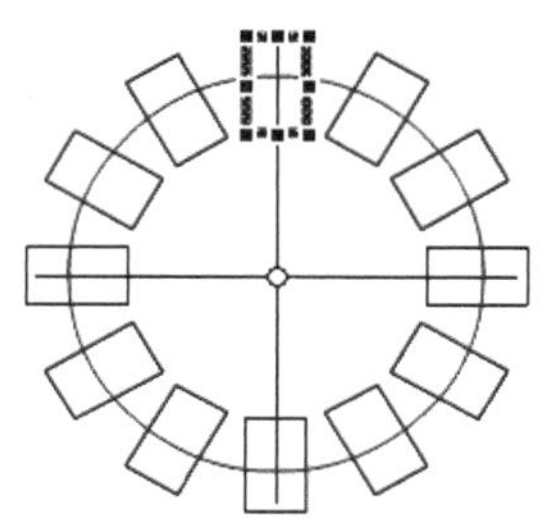

图 2-30　连续旋转复制矩形

步骤 11　使用选择工具删除不要的线条，如图 2-31 所示。在舞台中的任意位置绘制一个圆形，直径小一些，如图 2-32 所示。

步骤 12　选择这个圆形，在“对齐”面板中设置其相对于舞台水平、垂直居中对齐。

步骤 13　为齿轮填充颜色，完成效果如图 2-33 所示。

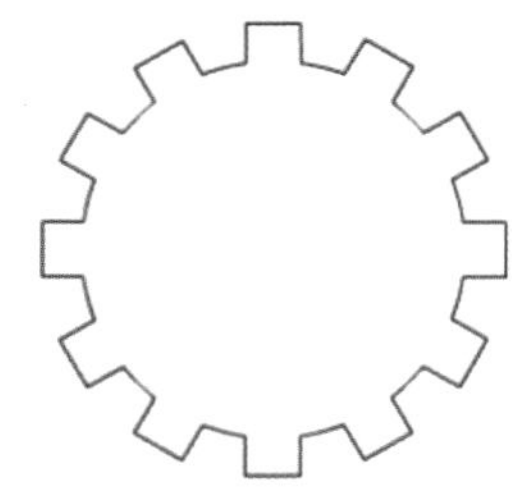

图 2-31　删除不要的线条

图 2-32　绘制一个圆形

图 2-33　齿轮完成效果

 任务经验

Animate 2022 在制作类似图形的时候，有比较大的优势，操作起来很简单。其中用到了旋转和对齐等图形编辑工具，在具体操作中结合自己的需要灵活使用即可。

任务 3 图形的变形——箭头变形

作品展示

本任务将绘制一个箭头，并以该箭头为例，对图形进行任意变形，其最终效果如图 2-34 所示。

任务分析

任意变形工具用于对图形进行旋转、倾斜、缩放、扭曲及封套造型的编辑。选择该工具后，需要在“工具”面板的属性选项区中选择需要的变形方式，如图 2-35 所示。

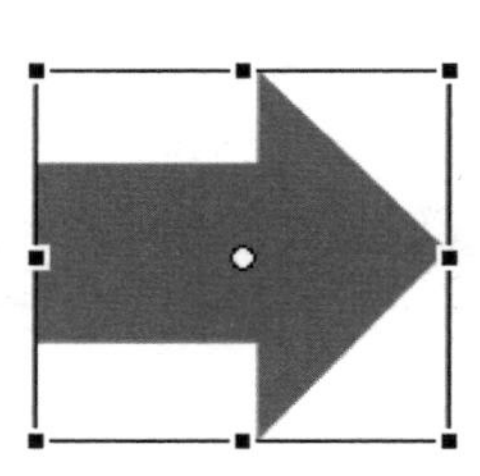
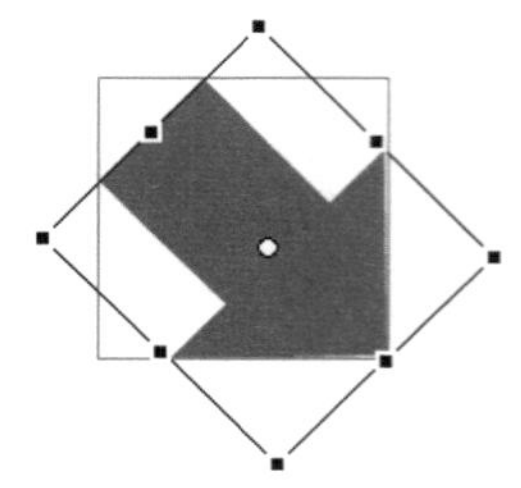

图 2-34　箭头变形效果

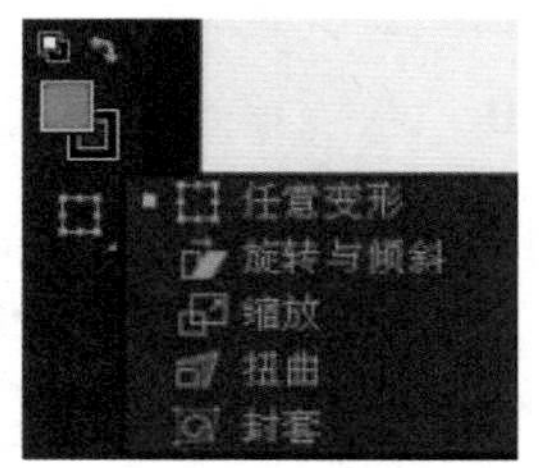

图 2-35　变形方式

任务实施

步骤 1　先绘制一个箭头，然后选择任意变形工具，如图 2-36 所示。

步骤 2　将鼠标指针移动到所选图形边角的黑色小方块上，按住鼠标左键并拖曳，即可对选择的图形进行旋转。将鼠标指针移动到所选图形的中心点处，对白色的图形中心点进行位置移动，可以改变图形在旋转时的轴心位置，如图 2-37 所示。

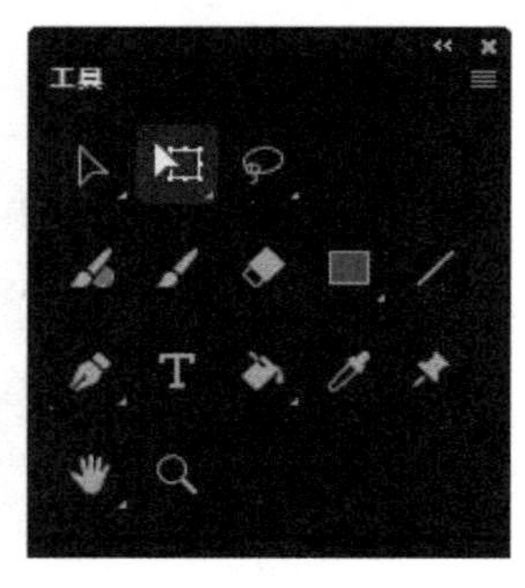

图 2-36　选择任意变形工具

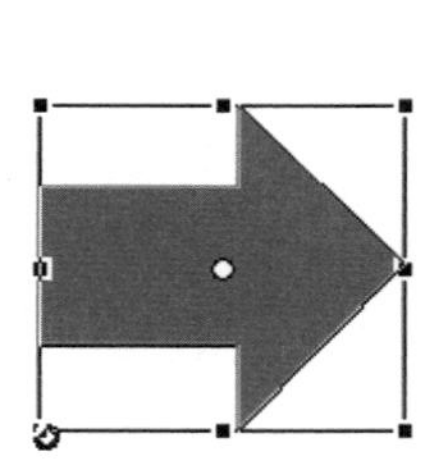
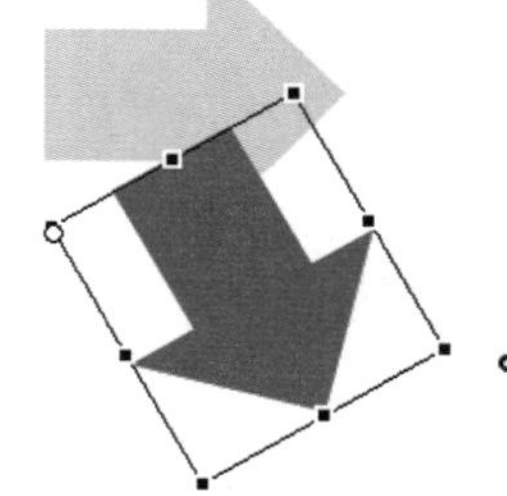
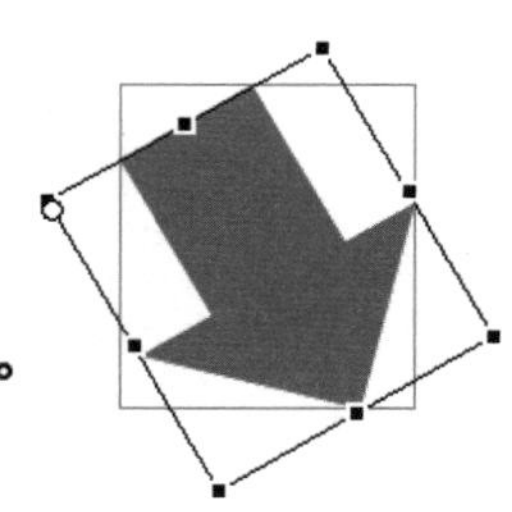

图 2-37　改变轴心位置

步骤 3　将鼠标指针移动到所选图形边缘的黑色小方块上，按住鼠标左键并拖曳，可以对图形进行水平或垂直方向上的倾斜变形，如图 2-38 所示。

步骤 4　选择“窗口”菜单→“变形”子菜单→“缩放”命令，可以对选取的图形进行水平缩放、垂直缩放或等比例缩放，如图 2-39～图 2-41 所示。

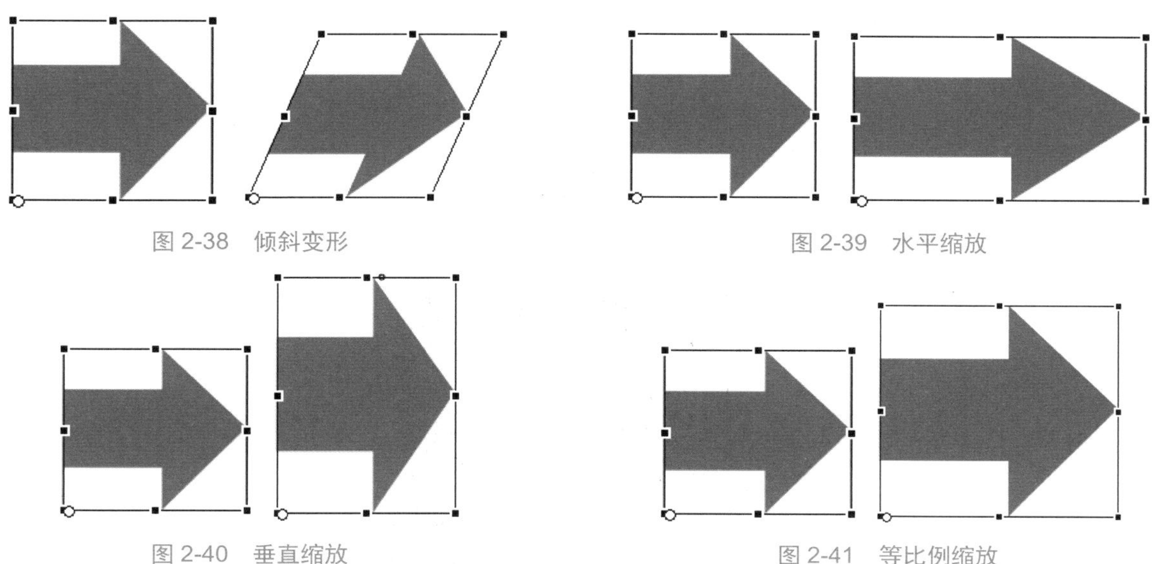
图 2-38 倾斜变形　　图 2-39 水平缩放

图 2-40 垂直缩放　　图 2-41 等比例缩放

步骤 5 选择"窗口"菜单→"变形"子菜单→"扭曲"命令，将鼠标指针移动到所选图形边角的黑色小方块上，按住鼠标左键并拖曳，可以对绘制的图形进行扭曲变形，如图 2-42 所示。

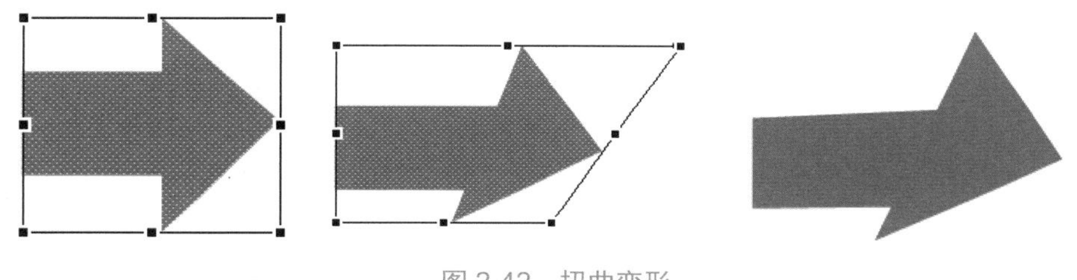
图 2-42 扭曲变形

步骤 6 选择"窗口"菜单→"变形"子菜单→"封套"命令，可以在所选图形的边框上设置封套节点，使用鼠标拖曳这些封套节点及其控制点，可以很方便地进行图形造型，如图 2-43 所示。

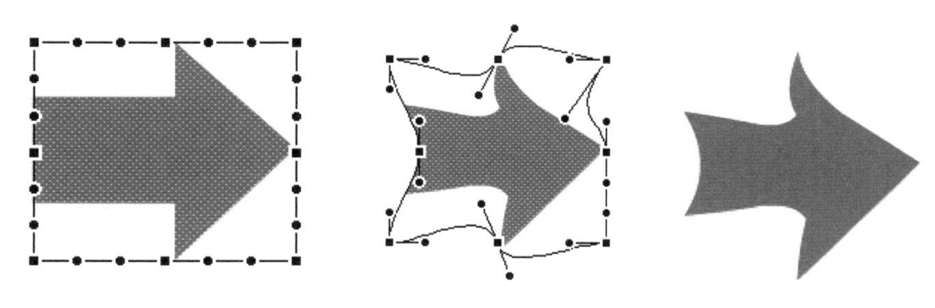
图 2-43 图形造型

任务经验

除了使用任意变形工具，还可以选择"窗口"菜单→"变形"子菜单→"旋转与倾斜"、"缩放"、"扭曲"或"封套"命令等来完成图形的变形。

任务 4 位图在 Animate 中的应用——中秋佳节海报

作品展示

中秋佳节海报效果如图 2-44 所示。

图 2-44 中秋佳节海报效果

任务分析

对于二维动画的制作来说，位图资源很丰富，即使没有绘图基础的学生，也可以利用一些现成的位图来制作动画作品，因此，掌握在 Animate 2022 中导入和处理位图的方法是非常重要的。

任务实施

1. 位图和矢量图的区别

位图使用点阵图法来表示，矢量图使用一系列计算机指令来表示。它们最大的区别就是，位图被放大到一定比例后会变得模糊，而矢量图被放大到任意比例后依然清晰。在 Animate 中绘制的图形属于矢量图。位图一般用作背景图片、图标、按钮等。

2. 导入位图

使用位图前，必须先将它导入到当前 Animate 文档的舞台或库中。Animate 提供了导入位图的相关命令，可以很方便地导入和使用位图。

在 Animate 中，主要使用的是 JPEG 和 PNG 格式的位图。JPEG 格式的位图通常用作背景图片，因为它是不透明的，如图 2-45 所示。

PNG 格式的位图一般都是一些图标或按钮样式，进行同样的导入操作后，看到的图片是半透明的，如图 2-46 和图 2-47 所示。

图 2-45　JPEG 格式的位图

图 2-46　PNG 格式的位图——兔子

图 2-47　PNG 格式的位图——月饼

步骤 1　绘制一个圆形，将其填充为黄色，设置轮廓线为无，如图 2-48 所示。

步骤 2　使用“柔化填充边缘”命令模糊月亮边缘。选择“修改”菜单→“形状”子菜单→“柔化填充边缘”命令，弹出“柔化填充边缘”对话框，如图 2-49 所示，在该对话框中设置相关属性，效果如图 2-50 所示。

图 2-48　绘制一个圆形并填充为黄色

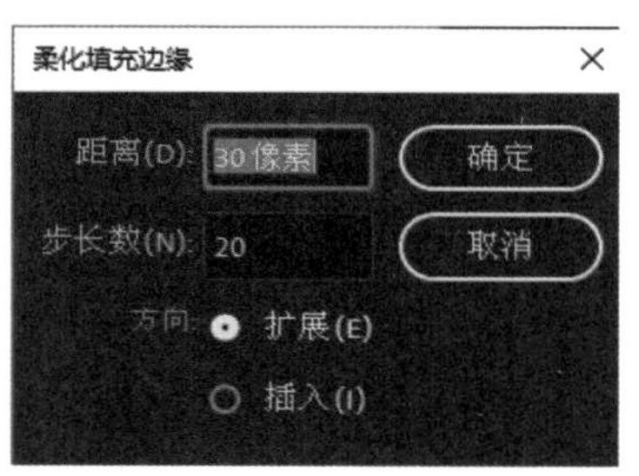

图 2-49　“柔化填充边缘”对话框

图 2-50　模糊月亮边缘效果

步骤 3　选择文本工具，输入文字“中秋佳节”，在“属性”面板中编辑文字，将其放置在合适位置，最终效果如图 2-51 所示。

图 2-51　最终效果

任务经验

在导入位图之前，应该先用图形编辑软件对准备导入到 Animate 中的位图进行编辑（例如，使用 Photoshop 软件对图形进行编辑后导出，再重新导入到 Animate 中），目的是使导入后的图片大小就是最终在 Animate 中使用的大小。因为如果导入了一张很大的位图，并进行了裁剪、缩放等操作，那么即使只使用了位图很小的一部分，最终文件的大小也不会有任何改变。你可以自己试验一下，以验证这个说法。

思考与探索

思考：

1．调出“变形”面板的快捷键是什么？

2．调出“对齐”面板的快捷键是什么？

3．在对图片进行编辑时，如果想实现等比例缩放，那么需要如何操作？

4．Animate 中位图与矢量图的区别是什么？

探索：

1．根据所学内容，完成“端午节场景”设计，效果如图 2-52 所示。

2．使用 Animate 中的图形编辑工具绘制一把“扇子”，效果如图 2-53 所示。

图 2-52 “端午节场景”效果

图 2-53 “扇子”效果

项目小结

项目二是 Animate 软件教学中的基础内容之一，通过丰富、典型的任务范例讲解了制作二维动画时常用的图形编辑工具，内容涉及图形的旋转、图形的对齐、图形的变形、位图在 Animate 2022 中的应用等。虽然这部分内容比较简单，但要想完全掌握这部分内容，还需要多多练习。

元件和库

项目三

项目导读

元件是指创建并保存在库中的图形、影片剪辑或按钮，可以在当前文档或其他文档中重复使用，是动画中的基本元素。在动画制作过程中，通常先根据影片内容制作要使用的元件，然后在舞台中将其实例化，并对实例进行适当的组织、修改，完成动画的制作。合理使用元件能够提高动画的制作效率。除了保存元件，库中还保存被导入的位图、音频和视频，使用“库”面板可以对这些素材进行组织和管理。

学会什么

① 元件的类型

② 创建和使用元件

③ 库的认识和使用

项目展示

范例分析

本项目共有 5 个任务，分别创建补间类型的元件，并运用元件形成简单的动画效果。

任务 1 的作品如图 3-1 所示，该任务使用图形元件制作彩色氢气球的画面效果，帮助学生深入了解图形元件的概念，并熟练掌握创建和使用图形元件的方法。

任务 2 的作品如图 3-2 所示，该任务使用影片剪辑元件制作星空的画面效果，帮助学生深入了解影片剪辑元件的概念，并熟练掌握创建和使用影片剪辑元件的方法。

图 3-1 彩色氢气球

图 3-2 星空

任务 3 的作品如图 3-3 所示，该任务使用按钮元件制作“开始”按钮的变化效果，帮助学生深入了解按钮元件的概念，并熟练掌握创建和使用按钮元件的方法。

弹起状态　　指针经过状态　　按下状态

图 3-3 “开始”按钮的变化

任务 4 的作品如图 3-4 所示，该任务使用各种不同类型的元件制作月光下的船动画效果，使学生结合绘图工具制作漂亮的元件，综合使用各种类型的元件。

任务 5 的作品如图 3-5 所示，该任务是对按钮元件的深入了解和综合运用，通过案例指导学生使用按钮元件制作巧妙的动画效果。

图 3-4 月光下的船动画

图 3-5 落花动画

学习重点

本项目重点介绍图形元件、影片剪辑元件和按钮元件的创建和使用，以及库的概念和调用。

储备新知识

1. 元件的类型

元件包括影片剪辑元件、按钮元件和图形元件。

影片剪辑元件可以被理解为电影中的电影，可以完全独立于主场景时间轴，并且可以重复播放。

按钮元件实际上是一个只有 4 帧的影片剪辑，但它的时间轴不能播放，只是根据鼠标指针的动作做出简单的响应，并转到相应的帧。该元件通过给舞台上的按钮实例添加动作语句而实现影片强大的交互性。

图形元件是可以重复使用的静态图像，或者连接到主影片时间轴上的可重复播放的动画片段。图形元件与影片的时间轴同步运行。

2. 相同点

3 种元件的相同点是可以重复使用，且当需要对重复使用的元件进行修改时，只需编辑元件，而不必对所有该元件的实例一一进行修改，会根据修改的内容自动对所有该元件的实例进行更新。

3. 3种元件的区别及其在应用中需要注意的问题

（1）影片剪辑元件、按钮元件和图形元件最主要的区别在于，影片剪辑元件和按钮元件的实例上都可以加入动作语句，而图形元件的实例上则不能；影片剪辑元件的关键帧上可以加入动作语句，而按钮元件和图形元件的关键帧上则不能。

（2）影片剪辑元件和按钮元件中都可以加入音频，而图形元件中则不能。

（3）影片剪辑元件的播放不受场景时间线的制约，它有元件自身独立的时间线；按钮元件独特的4帧时间线并不会自动播放，只是会响应鼠标事件；图形元件的播放完全受制于场景时间线。

（4）影片剪辑元件在场景中按“Enter”键测试时看不到实际播放效果，只能在各自的编辑环境中观看效果，而图形元件在场景中即可实时观看，可以实现“所见即所得”的效果。

（5）3种元件在舞台上的实例都可以在“属性”面板中相互改变行为，也可以相互交换实例。

（6）影片剪辑元件中可以嵌套另一个影片剪辑元件，图形元件中也可以嵌套另一个图形元件，但是按钮元件中不能嵌套另一个按钮元件，3种元件可以相互嵌套。

4. 库

库是存放和管理元件的场所。

库有两种类型：一种是自身所带的公共库，此类库可以提供给任何文档使用；另一种是在建立元件或导入对象时形成的库，此类库仅可以被当前文档或同时打开的文档调用，且会随创建它的文档打开而打开，随文档关闭而关闭。

使用库可以减少动画制作中的重复工作并且可以减小文件的体积，在制作过程中，应有调用库的意识，养成使用“库”面板的习惯。

任务1 图形元件的创建和使用——彩色氢气球

作品展示

彩色氢气球效果如图3-6所示。

图3-6 彩色氢气球效果

任务分析

本任务主要介绍图形元件的创建和使用。导入素材，将位图修改为矢量图，从库中调用图形元件，修改图形元件的颜色和大小，将彩色的“氢气球”图形元件分布在天空背景上。

任务实施

步骤 1 选择“文件”菜单→“新建”命令，新建一个文档，设置“宽”和“高”分别为 500 像素和 400 像素，如图 3-7 所示。

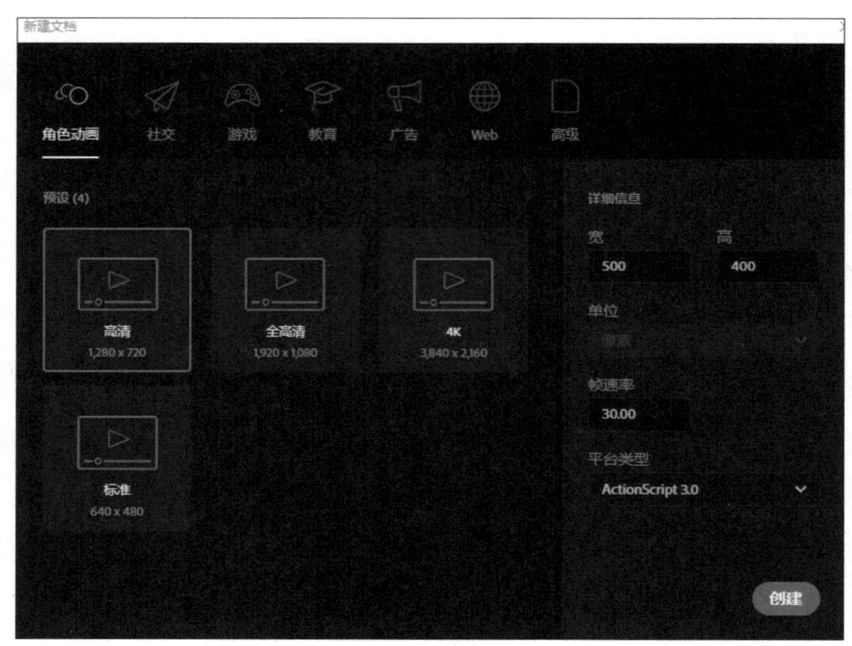

图 3-7 新建文档的参数设置

步骤 2 选择“插入”菜单→“新建元件”命令，通过弹出的“创建新元件”对话框创建“类型”为“图形”、“名称”为“氢气球”的图形元件，如图 3-8 所示。

步骤 3 使用绘图工具在元件的编辑场景中绘制“氢气球”图形元件，如图 3-9 所示。

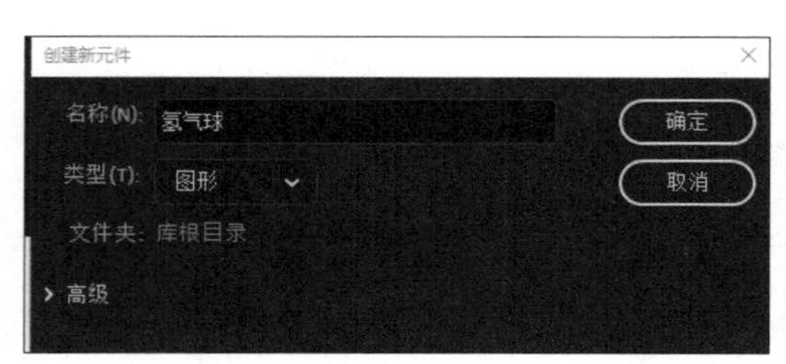

图 3-8 创建图形元件

图 3-9 绘制“氢气球”图形元件

步骤 4 返回主场景，导入背景图片到舞台中，选择“修改”菜单→“位图”子菜单→“转换位图为矢量图”命令，将位图转换为矢量图。调整图形大小为宽 500 像素、高 400 像素。

步骤 5 将库中的“氢气球”图形元件拖曳到主场景中，调整“属性”面板中“色彩效果”选项组中的选项，改变氢气球的颜色，如图 3-10 所示。将不同颜色的“氢气球”图形元件拖曳到天空背景中，效果如图 3-11 所示。

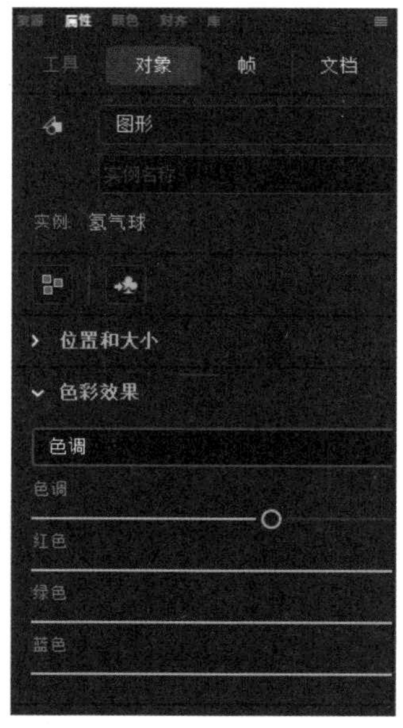

图 3-10 调整“色彩效果”选项组中的选项

图 3-11 图形元件效果

任务经验

当制作好元件以后，制作好的元件将自动出现在“库”面板中，再次使用时，直接将其拖曳到舞台中即可。在“属性”面板的“色彩效果”选项组中还可以调整图形的亮度、透明度等属性。

任务 2 影片剪辑元件的创建和使用——星空

作品展示

星空效果如图 3-12 所示。

图 3-12 星空效果

任务分析

本任务主要介绍影片剪辑元件的创建和使用。使用绘图工具绘制五角星，利用“补间动画”制作星星闪烁的影片剪辑元件，将“星星”影片剪辑元件分布在夜空背景上。

任务实施

步骤 1 选择“文件”菜单→“新建”命令，新建一个文档，设置“宽”和“高”分别为500像素和400像素。

步骤 2 选择“插入”菜单→“新建元件”命令，通过弹出的“创建新元件”对话框创建“类型”为“影片剪辑”、“名称”为“星星”的影片剪辑元件，如图3-13所示。

步骤 3 使用绘图工具在元件的编辑场景中绘制“星星”影片剪辑元件，如图3-14所示。

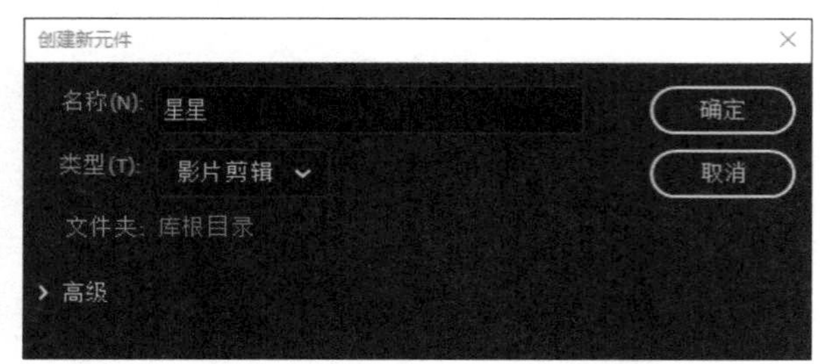

图3-13 创建影片剪辑元件

图3-14 绘制“星星”影片剪辑元件

步骤 4 先右击“图层1”中的第25帧，在弹出的快捷菜单中选择“插入关键帧”命令，选中第25帧中的图形，对图形中的星星大小稍做调整。再右击“图层1”中的第50帧，在弹出的快捷菜单中选择“插入关键帧”命令，选中第50帧中的图形，对图形中的星星大小稍做调整。“星星”影片剪辑元件的时间轴如图3-15所示。

步骤 5 选择“插入”菜单→“新建元件”命令，通过弹出的“创建新元件”对话框创建“类型”为“图形”、“名称”为“夜空”的图形元件。返回主场景，将“夜空”图形元件拖曳到舞台中，调整图形元件的大小为宽500像素、高400像素。

步骤 6 将“星星”影片剪辑元件拖曳到夜空背景上，效果如图3-16所示。

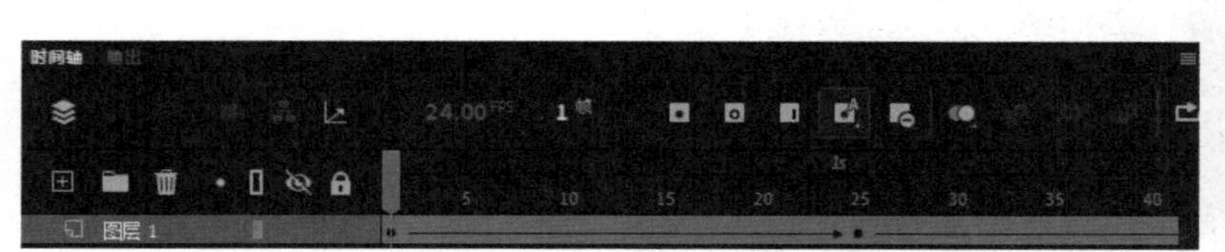

图3-15 “星星”影片剪辑元件的时间轴

图3-16 影片剪辑元件效果

任务经验

在影片剪辑元件的“属性”面板中除了可以调整影片的色彩效果，还可以通过“滤镜”选项调整影片剪辑元件的各种效果。同学们可以自己动手试一试！

任务3 按钮元件的创建和使用——“开始”按钮

作品展示

“开始”按钮的变化效果如图3-17所示。

弹起状态

指针经过状态

按下状态

图3-17 “开始”按钮的变化效果

任务分析

按钮元件包括弹起帧、指针经过帧、按下帧、点击帧的时间轴。前3帧表示按钮的3种响应状态，点击帧用于定义按钮的活动区域。在播放影片时，按钮的时间轴不播放，只根据鼠标指针的动作做出响应，并执行相应的动作。我们通常在ActionScript中为按钮添加动作，对影片实现交互控制。

任务实施

步骤1 选择“文件”菜单→“新建”命令，新建一个文档，设置“宽”和“高”分别为500像素和400像素。

步骤2 选择“插入”菜单→“新建元件”命令，通过弹出的“创建新元件”对话框创建“类型”为“按钮”、“名称”为“开始”的按钮元件，如图3-18所示。

步骤3 在“开始”按钮元件“图层1”的弹起帧中使用矩形工具绘制一个渐变效果的矩形，使用文字工具输入红色文字“开始”，制作按钮弹起状态。

步骤4 在指针经过帧中插入关键帧，将红色文字修改为黄色，在按下帧中插入关键帧，修改矩形渐变效果，设置指针经过按钮及按下按钮时的响应效果，如图3-19所示。

步骤5 单击舞台左上角的“场景1”按钮，切换回“场景1”舞台。将“库”面板的“开始”按钮元件拖曳到“图层1”的第1帧舞台上，创建按钮实例。

步骤6 测试影片，查看“开始”按钮响应鼠标动作的效果。

图 3-18　创建按钮元件

图 3-19　“开始”按钮元件的时间轴及响应效果

任务经验

按钮元件的点击帧用于定义响应指针经过、按下动作的区域，一般按钮元件点击帧的内容为空或与前 3 帧内容一致，使按钮的响应区域与可见的按钮形状一致。也可以利用点击帧中的内容在发布的 SWF 文件中不显示的特点，只在点击帧中绘制图形以制作透明按钮。

任务 4　元件的使用——月光下的船动画

作品展示

月光下的船动画效果如图 3-20 所示。

图 3-20　月光下的船动画效果

任务分析

本任务将运用导入素材、修改元件名称和调用其他文档中的元件等方法，综合应用前面所学的知识，制作一个名为“月光下的船”的动画文档。

任务实施

步骤 1　选择“文件”菜单→“新建”命令，新建一个文档，设置“宽”和“高”分别为 500 像素和 400 像素。

步骤 2 选择“文件”菜单→“打开”命令，弹出“打开”对话框，在查找范围下拉列表中选择保存文件的位置，在弹出的列表框中选中“月光下的船素材”动画文档，如图 3-21 所示。

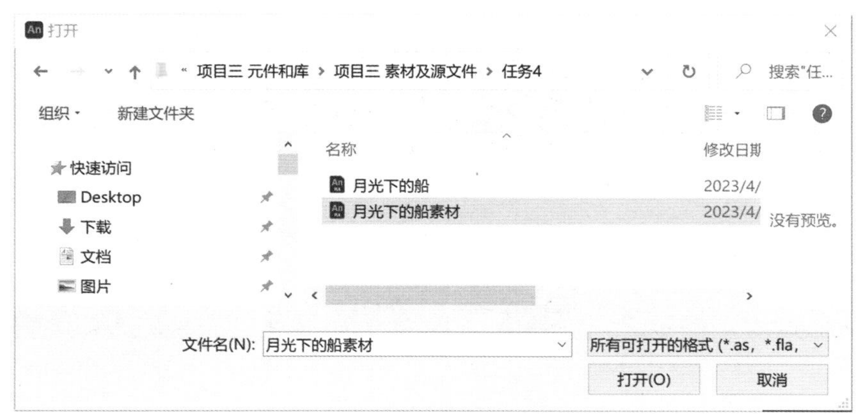

图 3-21 在“打开”对话框中选中要打开的动画文档

步骤 3 单击“打开”按钮，将选中的动画文档打开。

步骤 4 在“库”面板的下拉列表中选择“月光下的船素材.fla”选项，如图 3-22 所示。

图 3-22 在“库”面板中选择要打开的动画文档

步骤 5 在弹出的面板的列表框中选择“背景”图形元件，并将其拖曳到舞台中。打开“对齐”面板，勾选“与舞台对齐”复选框，然后依次单击“垂直对齐”按钮和“水平居中分布”按钮，使拖曳到舞台中的元件在舞台中居中对齐，如图 3-23 所示。

步骤 6 使用同样的方法将“月光下的船素材.fla”中的其他元件分别拖曳到各个图层中，并分别调整元件的大小，使其适合文档的大小，如图 3-24 所示。

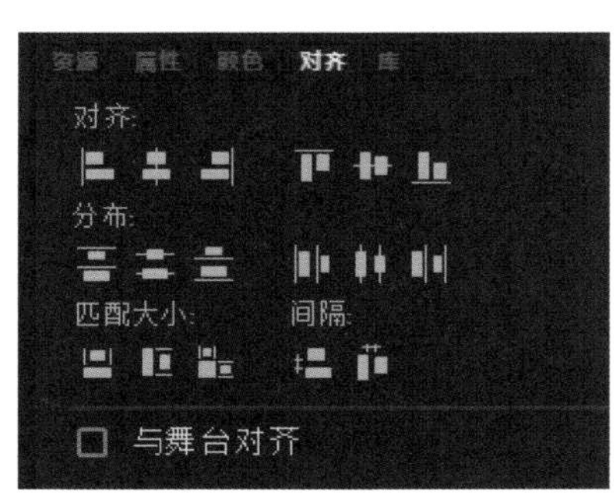

图 3-23 使元件在舞台中居中对齐

图 3-24 将其他元件拖曳到各个图层中

步骤 7 元件分布在各个图层的上下顺序如图 3-25 所示。

步骤 8 按快捷键“Ctrl+Enter”浏览动画效果，如果不满意该效果，则可以继续对元件位置进行修改，直到满意为止，动画效果如图 3-26 所示。

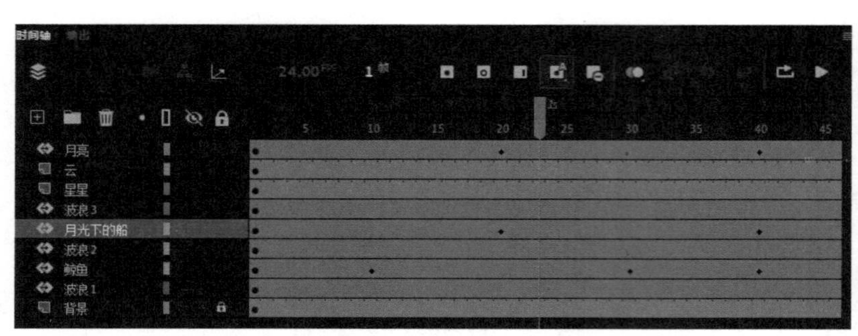

图 3-25 元件分布在各个图层的上下顺序

图 3-26 动画效果

任务经验

“库”面板主要用于存放从外部导入的素材和管理创建的元件。当用户在制作动画文档时，如果需要某个素材或元件，则可以直接从“库”面板中将其拖曳到相应的位置。

任务 5 元件和库的综合运用——落花动画

作品展示

落花动画效果如图 3-27 所示。

图 3-27 落花动画效果

任务分析

本任务是比较综合的实例，对于初学者来说有一定困难，主要介绍两个动画文件库中元件互相调用的知识点，并且要求学生灵活使用按钮元件。

任务实施

步骤 1 选择“文件”菜单→“新建”命令，新建一个文档，设置“宽”和“高”分别为 500 像素和 400 像素。

步骤 2 打开“项目三 元件和库\项目三 素材及源文件\任务 5\花朵飘落.fla”文件，复制库中的“花朵飘落”影片剪辑元件到当前库中。

步骤 3 新建一个影片剪辑元件，命名为“三朵花”，进入元件编辑状态，将“花朵飘落”影片剪辑元件拖曳到“图层 1”的第 1 帧中，在第 100 帧处插入帧，使“花朵飘落”影片剪辑元件实例能在“三朵花”影片剪辑元件中播放完毕，如图 3-28 所示。

步骤 4 在“三朵花”影片剪辑元件中选择“图层 1”的第 1～100 帧，执行“复制帧”命令。新建“图层 2”，选择“图层 2”的第 30 帧，执行“粘贴帧”命令，将“图层 1”的动画复制到“图层 2”中。新建“图层 3”，选择“图层 3”的第 60 帧，执行“粘贴帧”命令，将“图层 1”的动画复制到“图层 3”中。

步骤 5 分别选择“图层 2”的第 30 帧及“图层 3”的第 60 帧，使用任意变形工具将这两个图层的“花朵飘落”影片剪辑元件实例缩小，如图 3-29 所示。

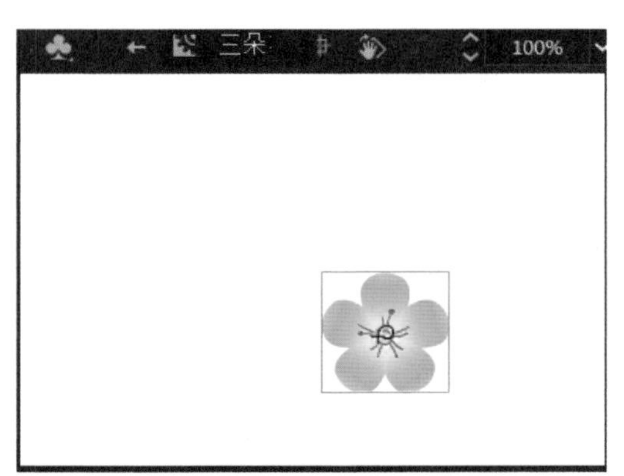

图 3-28 插入“花朵飘落”影片剪辑元件

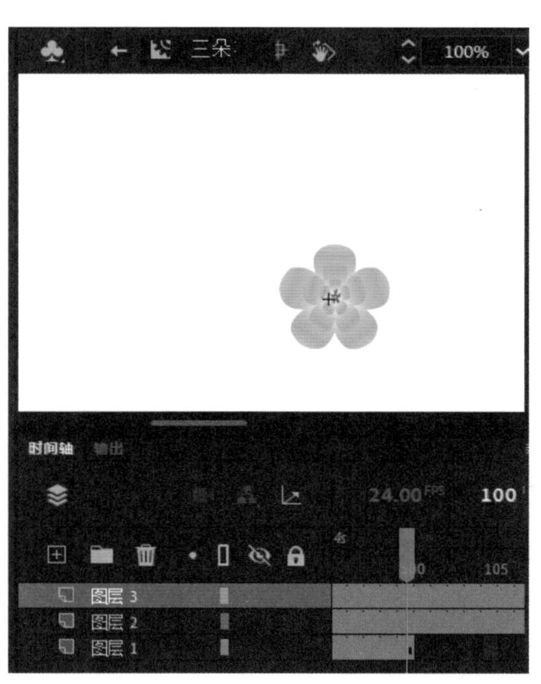

图 3-29 制作“三朵花”影片剪辑元件

步骤 6 新建一个按钮元件，命名为“落花按钮”。进入“落花按钮”元件编辑状态，在指针经过帧处插入关键帧，将“三朵花”影片剪辑元件拖曳到指针经过帧中。

步骤 7 在按下帧处插入帧。在点击帧处插入空白关键帧，使用矩形工具绘制一个宽 100

像素、高 100 像素的正方形，设置正方形左下角的坐标为(-50,-50)，如图 3-30 所示。

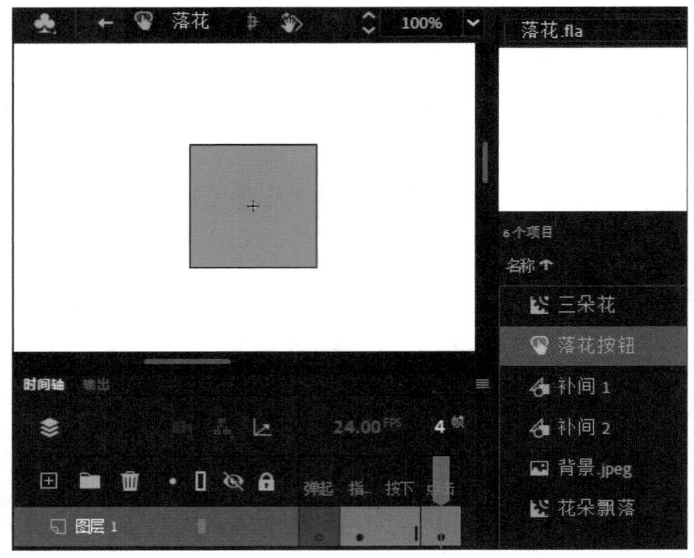

图 3-30　制作“落花按钮”元件

步骤 8　单击“场景 1”按钮，切换回“场景 1”舞台，将“落花按钮”元件拖曳到“图层 1”的第 1 帧中，并放置到舞台左上角。将“落花按钮”元件实例复制多个，并平铺放置到舞台上，如图 3-31 所示。导入素材背景图片，将图片放入“图层 2”中，将图层 2 拖曳到“图层 1”下方。

步骤 9　保存文件并测试动画，当鼠标指针在舞台上移动时，花朵从鼠标指针位置向下旋转飘落，动画效果如图 3-32 所示。

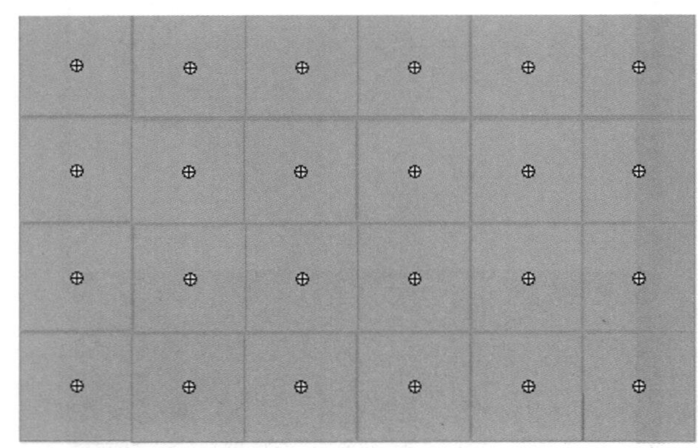

图 3-31　将“落花按钮”元件实例铺满舞台

图 3-32　动画效果

 任务经验

本任务实现了按钮元件、影片剪辑元件和库的综合使用。按钮的图形越小，在场景中铺得越多，效果越明显。希望大家用科学严谨的态度对待每一个作品，耐心细致，认真制作每一朵小花瓣，使画面呈现出漫天飞舞的浪漫景象。

思考与探索

思考：

1．元件的类型有哪些？

2．影片剪辑元件和图形元件的相同点与不同点有哪些？

3．库的类型有哪两种？

探索：

1．根据所给的素材制作“氢气球飞”动画，完成氢气球向上飞行，当把鼠标指针放在氢气球上时，氢气球停止飞行的效果。

2．使用按钮元件完成“涟漪”动画效果。

图 3-33 “氢气球飞”动画效果

图 3-34 “涟漪”动画效果

项目小结

项目三介绍了元件和实例的基本概念，元件的类型，元件的创建和使用方法，以及“库”面板的管理和使用方法。在制作作品时，通常需要根据作品要求，先制作各种元件，再利用元件实例完成作品。

时间轴和动画

项目四

项目导读

Animate 动画功能包括时间轴和帧的使用，以及补间动画、补间形状、逐帧动画、三维动画、骨骼动画的制作。虽然这些动画的制作方法简单，却是动画的精髓。其中三维动画和骨骼动画的制作是软件新增的功能，为动画的制作提供了更多的方法和技巧。熟练掌握项目四的相关内容有助于提高动画创作的能力。

学会什么

① 认识时间轴、帧、图层

② 补间动画、补间形状、逐帧动画的制作

③ 三维动画、骨骼动画的制作

项目展示

范例分析

本项目共有 7 个任务，分别在时间轴上编辑、使用不同类型的动画，实现角色的动画效果。

任务 1 的作品如图 4-1 所示，该任务运用补间动画制作一个足球掉在地上、跳跃前进的路径动画，帮助学生深入了解和掌握路径动画及变速运动的制作方法。

任务 2 的作品如图 4-2 所示，该任务运用不同图层中的不同元件产生的动静结合的动画效果，帮助学生深入了解和掌握图层顺序及分图层对动画制作的重要性。

任务 3 的作品如图 4-3 所示，该任务运用逐帧动画制作出倒计时数字的不断变化效果，帮助学生深入了解逐帧动画的变形效果和插帧方法。

图 4-1　弹跳的足球动画

图 4-2　月光下的船动画

图 4-3　倒计时动画

任务 4 的作品如图 4-4 所示，该任务通过制作圆形变方形再变三角形的动画效果，帮助学生深入了解补间形状的概念，并熟练掌握补间形状的制作方法和技巧。

任务 5 的作品如图 4-5 所示，该任务使用补间形状的渐变功能制作花苞变荷花的动画效果，帮助学生深入了解和掌握补间形状的渐变功能的使用方法并规划补间形状的优美动态。

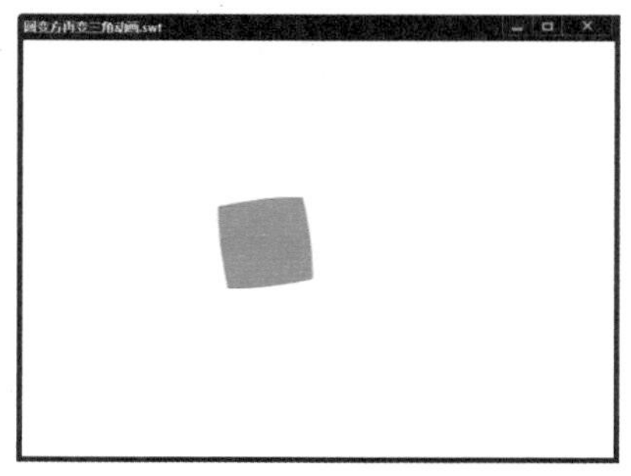

图 4-4　圆形变方形再变三角形动画

图 4-5　怒放荷花动画

任务 6 的作品如图 4-6 所示，该任务使用骨骼工具制作较为复杂的皮影戏人物动作，帮助学生深入了解和掌握骨骼工具在制作人物与动物复杂动态变化的重要作用及方便之处。

任务 7 的作品如图 4-7 所示，该任务使用 3D 变化工具制作出了惟妙惟肖的三维空间效果，帮助学生学习“3D 旋转工具”和“3D 平移工具”的用法及掌握 X、Y、Z 坐标的设置方法。

图 4-6　皮影戏动画

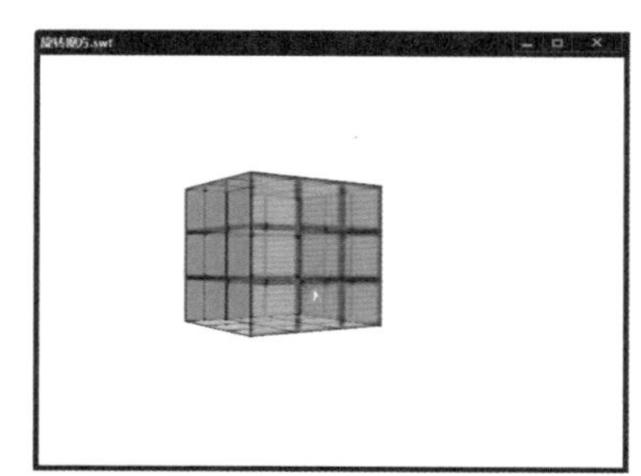

图 4-7　旋转魔方动画

学习重点

本项目重点介绍时间轴相关知识，以及传统补间、补间动画、补间形状、逐帧动画等动画类型的制作方法，使学生掌握三维动画和骨骼动画的制作技巧。

储备新知识

时间轴

“时间轴”面板如图 4-8 所示，该面板由图层区和时间轴等组成，用于组织和控制影片内容在一定时间内播放的图层数和帧数。

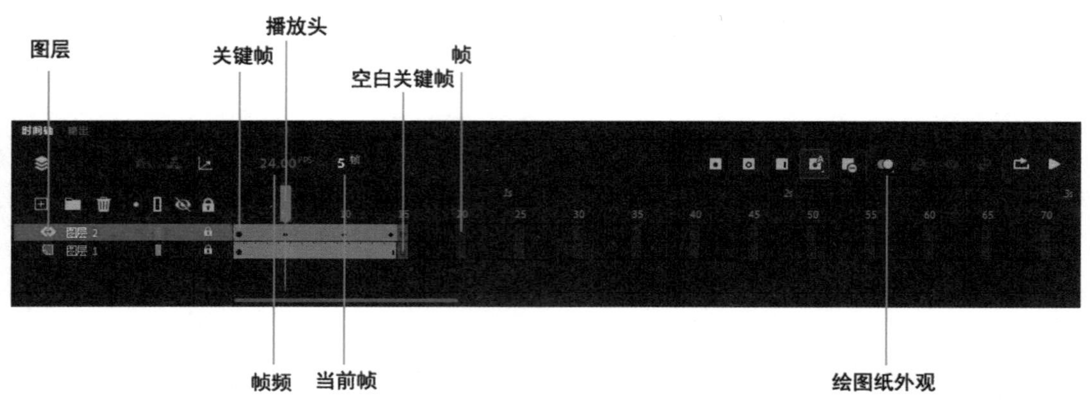

图 4-8 “时间轴”面板

1. 帧

动画是由一系列的静止画面按一定的顺序排列而成的，这些静止的画面称为帧。当帧以一定的顺序连续播放时，由于视觉上的暂留现象，就产生了动态的效果。帧可以包含一个对象、多个对象或者不包含任何对象。

帧是 Animate 中最小的单位，相当于电影胶片上的一个镜头。在时间轴上需要插入帧的地方按快捷键“F5”，或者单击鼠标右键，在弹出的快捷菜单中选择“插入帧”命令，即可插入帧。

在时间轴上，帧包括“关键帧”和“空白关键帧”两种表现形式。

- “关键帧”是指呈现关键性动作或内容变化的帧，在时间轴上以实心原点表示。在时间轴上需要插入关键帧的地方按快捷键“F6”，或者单击鼠标右键，在弹出的快捷菜单中选择“插入关键帧”命令，即可插入关键帧。
- “空白关键帧”是特殊的关键帧，该帧上没有任何对象。一般新建图层的第 1 帧都是空白关键帧，一旦在该帧上绘制图形，这个空白关键帧就变成关键帧了。空白关键帧在时间轴上以空心圆点表示。在时间轴中需要插入空白关键帧的地方按快捷键“F7”，或者单击鼠标右键，在弹出的菜单中选择“插入空白关键帧”命令，即可插入空白关键帧。

2. 帧频

帧频就是 Animate 动画播放的速度。实际上，动画是由多张图片连续播放而产生的，例如，一个动作，如果采用帧频 12 来播放，就会将这个动作分解为 12 个动作；如果采用帧频 30 来播放，就会将这个动作分解为 30 个动作。一般默认采用的是帧频 12 或帧频 24，也就是说，在 1 秒之内，Animate 动画会从第 1 帧播放到第 12 帧或第 24 帧。

一般动画的播放速度都是 12 帧/秒，而中国电视的播放速度一般是 25 帧/秒，高清电影的播放速度都是 30 帧/秒。

帧频一般可以通过属性栏修改或者直接在时间轴上修改，如图 4-9 和图 4-10 所示。

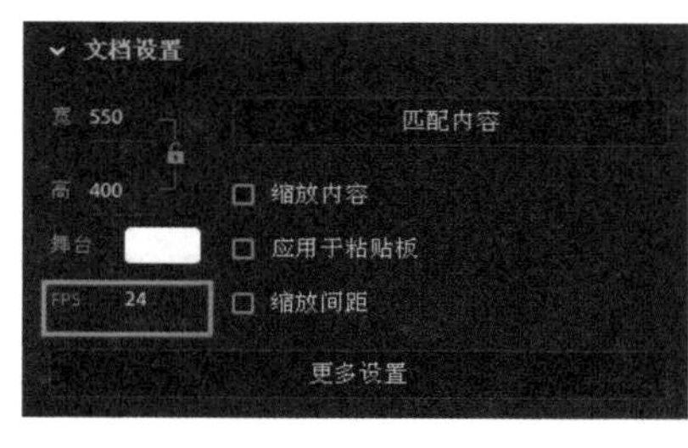

图 4-9 通过属性栏修改帧频

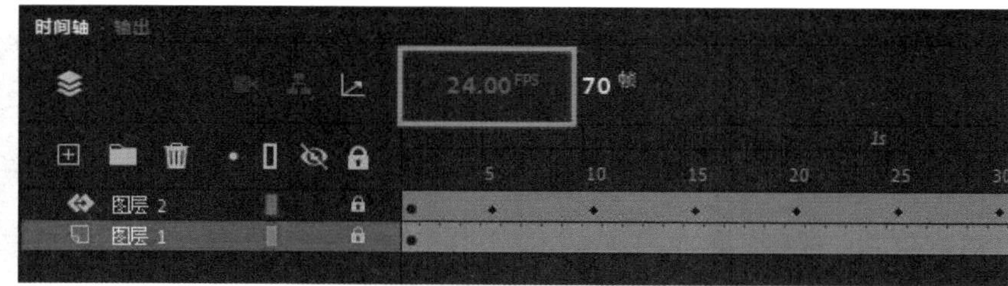

图 4-10 在时间轴上修改帧频

3. 图层

1）图层的含义

图层区位于“时间轴”面板左侧，用于图层的相关操作，如图 4-11 所示。当场景中有很多对象，又需要将其按一定的顺序放置时，应先将它们放置在不同的图层中，然后分别在图层中设置每一组动画对象播放的时间顺序。图层类似于前景、背景，就像相互堆叠在一起的透明纤维纸，当上一个图层中没有任何对象时，就可以透过上面的图层看到下面的图层。

2）图层的基本操作

（1）添加图层。添加图层的方法是执行“插入”菜单→“时间轴”子菜单→“图层”命令，如图 4-12 所示，或者在“时间轴”面板中单击“插入图层”按钮，如图 4-13 所示，这样就会在选定的图层上面出现新建的图层。

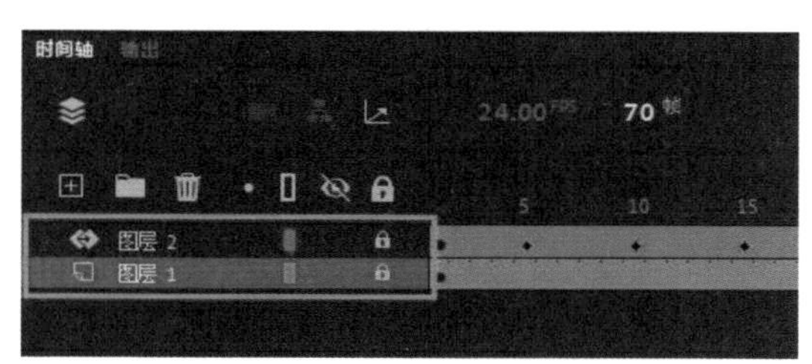

图 4-11 “时间轴”面板中图层区的位置

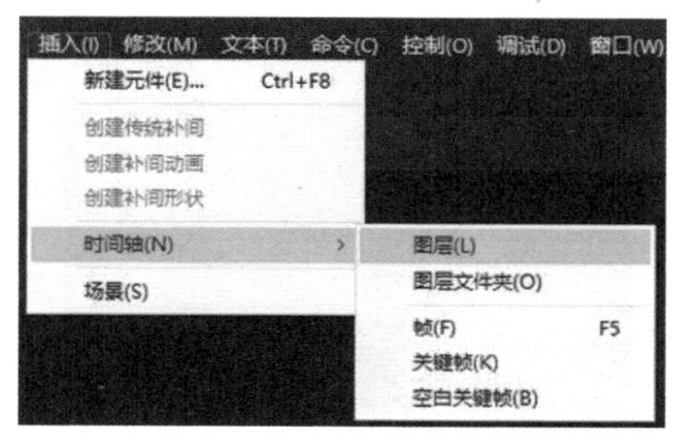

图 4-12 执行菜单命令添加图层

（2）重命名图层。重命名图层的方法很简单，只要在想要重命名的图层名称上双击，就可以重命名这个图层了，如图 4-14 所示。

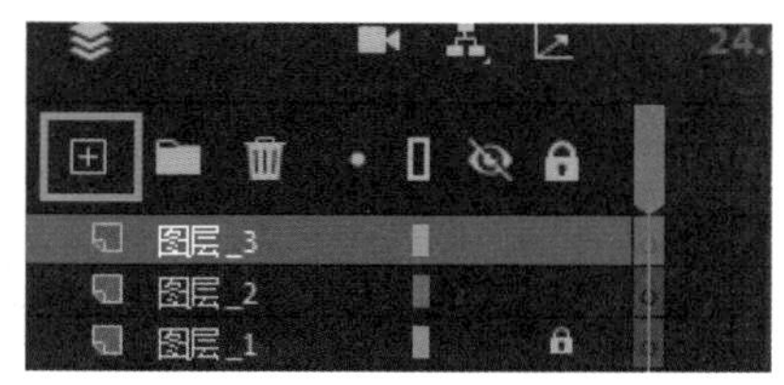

图 4-13 单击“插入图层”按钮添加图层

图 4-14 重命名图层

（3）复制图层。复制图层可以节省大量时间，与 Animate 中的元素、帧一样，图层也可以被复制。先选中需要复制的图层并右击，在弹出的快捷菜单中选择“拷贝图层”命令，然后右击目标图层，在弹出的快捷菜单中选择“粘贴图层”命令即可，如图 4-15 和图 4-16 所示。

图 4-15　选择“拷贝图层”命令

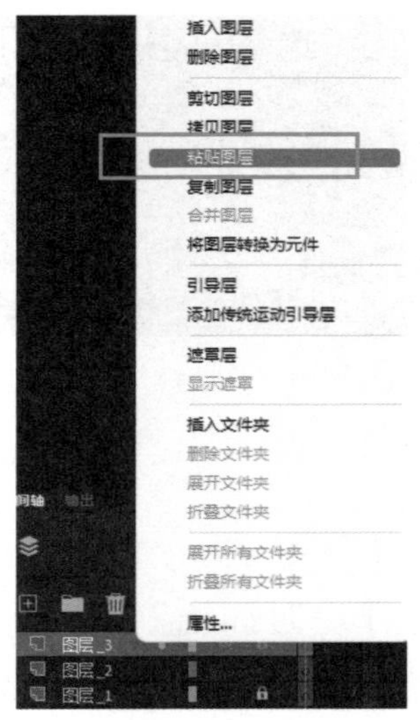

图 4-16　选择“粘贴图层”命令

（4）改变图层顺序。图层是有顺序的，上面图层的内容会遮盖下面图层的内容，下面图层的内容只能通过上面图层透明的部分显示出来，因此，常常需要重新调整图层的排列顺序。要改变它们的顺序非常简单，先用鼠标选中某一图层，然后将其向上或向下拖曳到合适的位置就可以了，如图 4-17 所示。

（5）删除图层。当遇到不需要的图层时，可以在“时间轴”面板中单击“删除图层”按钮，这样就会将选定的图层删除，如图 4-18 所示。

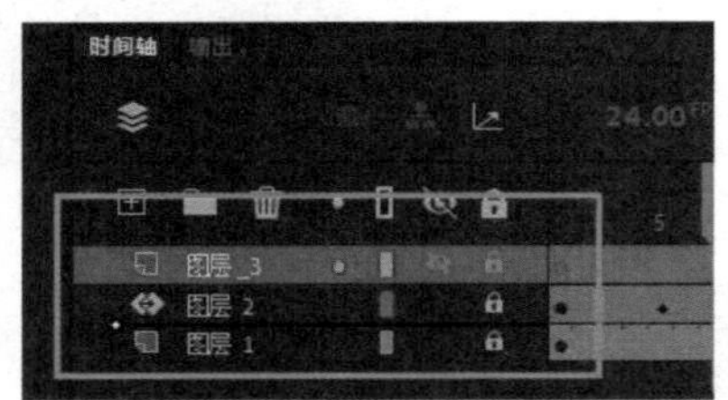

图 4-17　移动图层

图 4-18　删除图层

3）图层的状态

（1）：表示此图层处于活动状态，是当前正在编辑的图层，此时可以对该图层进行各种操作，如图 4-19 所示。

（2）：图层默认的状态是显示活动的状态。表示此图层处于隐藏状态，即在编辑区是看不见的，同时，不能对处于隐藏状态的图层进行任何修改。要使某一图层处于隐藏状态，应先选中该图层，然后用鼠标单击图标下方该图层对应的小黑点，使该图层变为状态，如图 4-20 所示。如果要将所有的图层全部隐藏，那么直接单击图标就可以了。

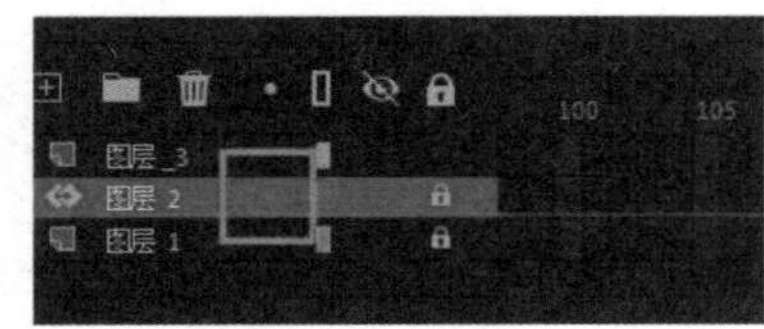

图 4-19　活动图层

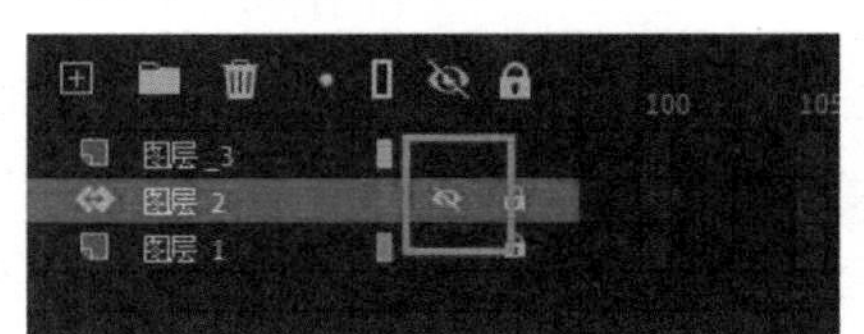

图 4-20　隐藏图层

（3）：表示此图层处于锁定状态，在被锁定的图层上无法进行任何操作。在动画制作过程中，要特别注意，只要完成一个图层的制作，就应该立刻将它锁定，以免误操作带来麻烦。要使某一图层处于锁定状态，应先选中该图层，然后用鼠标单击图标下方该图层对应的小黑点，使该图层变为锁定状态，如图 4-21 所示。如果要将所有的图层全部锁定，那么直接单击图标就可以了。

（4）：表示此图层处于外框显示状态。要使某一图层处于外框显示状态，应先选中该图层，然后用鼠标单击方块图标下方该图层对应的小方块，使该图层变为状态。如果要将所有的图层设置为外框显示状态，那么直接单击方块图标就可以了，如图 4-22 所示。对于处于外框显示状态的图层，图层中的所有图形只能显示轮廓，如图 4-23 和图 4-24 所示。

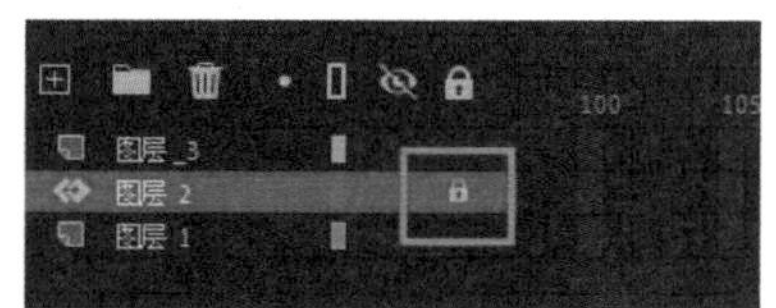

图 4-21　锁定图层

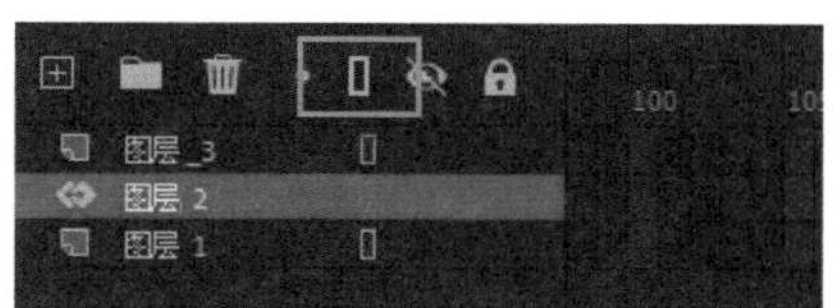

图 4-22　设置外框显示状态

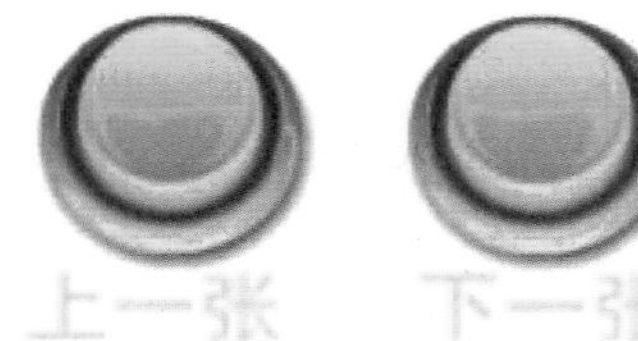

图 4-23　实际对象

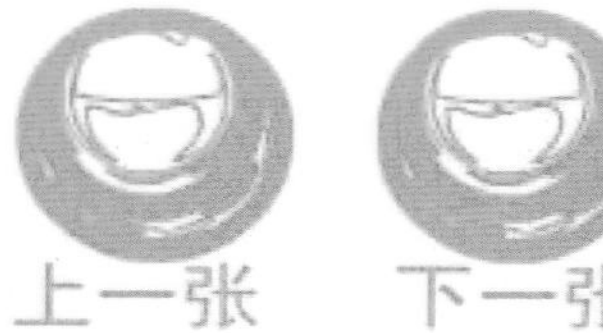

图 4-24　处理外框显示状态的图层显示的对象

4. 绘图纸功能

在动画片的制作过程中，用户可以通过时间轴上的绘图纸功能，辅助进行动画绘制和编辑，从而制作出更加连贯、流畅的动画效果。单击“时间轴”面板中的“绘图纸外观”按钮，就可以选择多种显示方式，查看邻近帧之间的位置和动画效果，如图 4-25 所示。

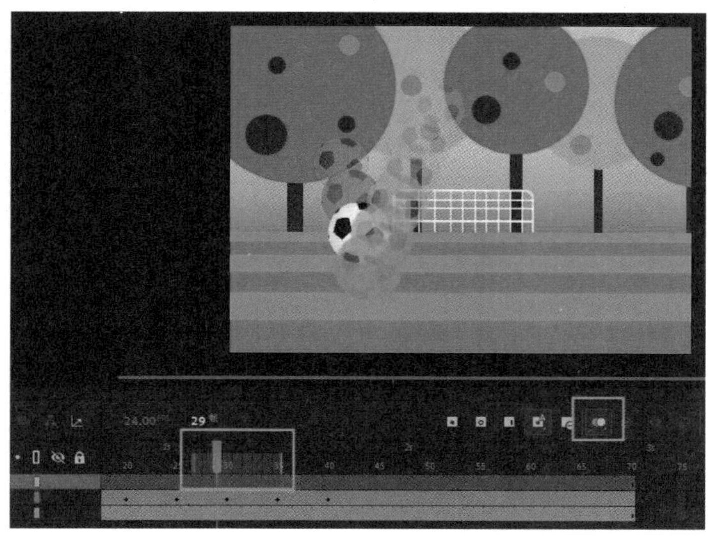

图 4-25　查看邻近帧之间的位置和动画效果

动画

补间动画就是在两个对象内容的关键帧之间建立动画关系后，自动在两个关键帧之间补充动画图形来显示变化效果，从而形成连续变化的动画效果。补间动画提高了动画制作的效率，但是它的局限性比较大，通常只能用于对象的移动、旋转、缩放及属性的变化等动画效果的制作。

1. 传统补间

使用传统补间可以处理动画中的元件、群组或文本框的折线运动、旋转、大小变化、颜色变化等。对一个场景中多个对象进行传统补间需要为每个补间使用一个图层，不能同时为同一个图层上的多个对象设置传统补间。但是，用户可以同时在不同图层上为它们设置传统补间。

传统补间至少需要用两个关键帧来标识，这两个关键帧被带有一个黑色箭头和浅蓝色背景的过渡帧分开，其时间轴如图 4-26 所示。

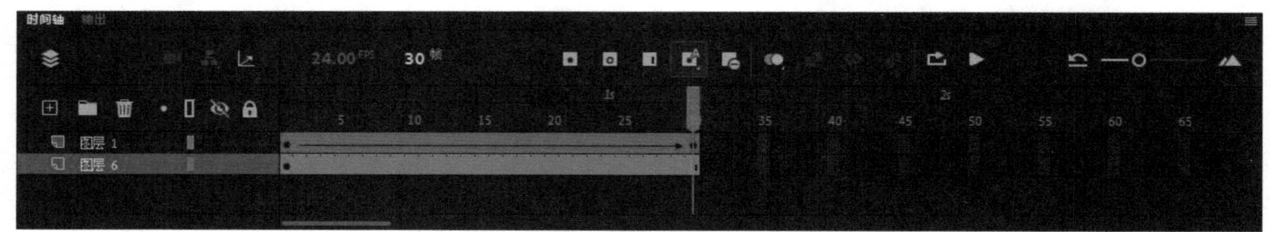

图 4-26　传统补间的时间轴

如果过渡帧是虚线形式的，则代表没有正确地完成传统补间，这通常是由于缺少开始或结束关键帧，或者补间不正确、对象不是元件等造成的，如图 4-27 所示。

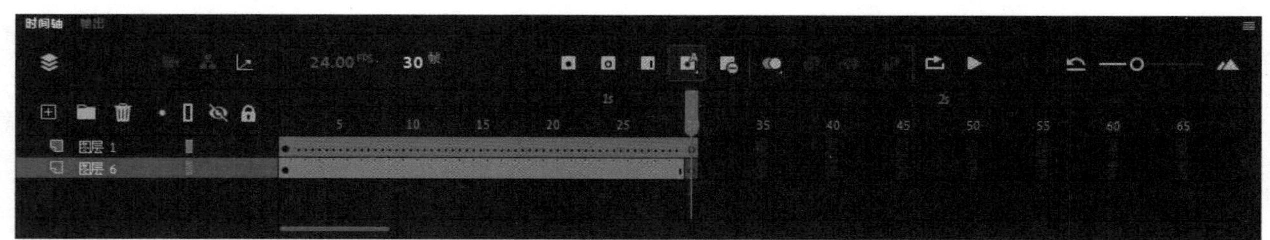

图 4-27　错误补间的时间轴

2. 补间动画

补间动画的作用与传统补间的作用相同，都是用于创建元件动画。不同的是，补间动画可以支持骨骼动画和 3D 动画的创建，并且可以使用“动画编辑器”面板便捷地对补间动画进行线性调整，如图 4-28 所示。因此，也可以认为补间动画是传统补间的升级版本。

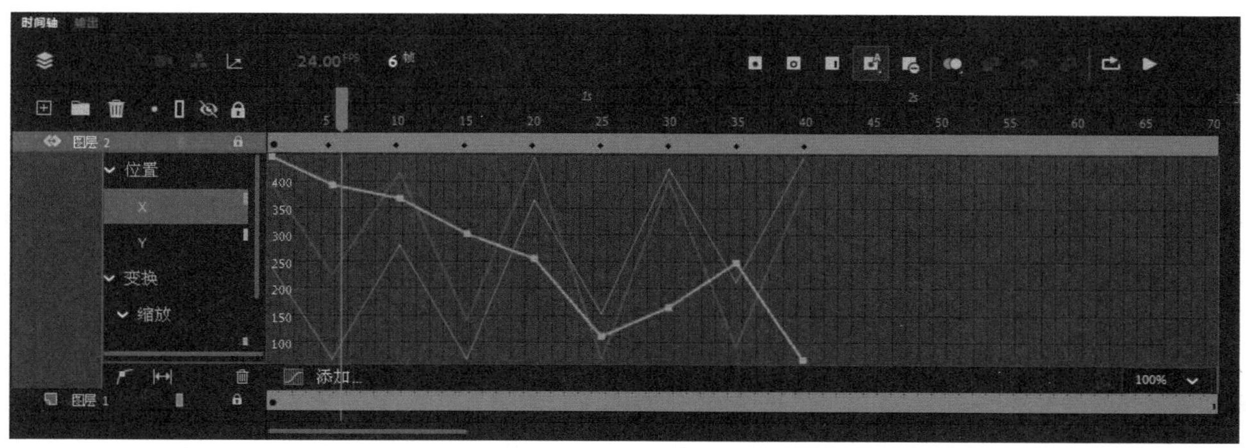

图 4-28 “动画编辑器”面板

3. 补间形状

制作补间形状，顾名思义，就是让对象产生形状的变化。补间形状是 Animate 中独具特色的一种动画手法，比如形状到形状之间的变化，文字到文字之间的变化，完全由 Animate 自动完成。

在“时间轴”面板中动画开始播放的地方创建或选择一个关键帧，并设置要开始变形的形状。一般在一帧中设置一个对象即可，在动画结束播放的地方创建或选择一个关键帧，并设置要变成的形状。

补间形状允许在一个图层中放置多个变形过渡对象，不过为了更好地控制变形的效果，用户最好还是为每个动画对象单独设置一个图层。

补间形状至少需要用两个关键帧来标识，这两个关键帧被带有一个黑色箭头和浅绿色背景的过渡帧分开，其时间轴如图 4-29 所示。

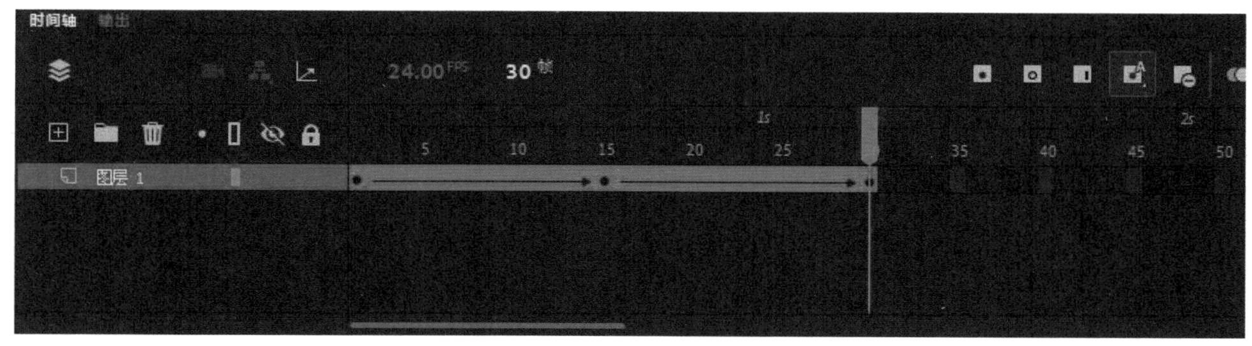

图 4-29 补间形状的时间轴

要想制作补间形状，在 Animate 中需要满足一个条件，就是补间形状的起止对象必须是矢量图。如果起止对象不符合这一条件，就无法产生形状的渐变，此时可以执行“修改”菜单→“分离”命令，将对象打散，形成矢量图（该操作的快捷键是“Ctrl+B”），如图 4-30 所示。

图 4-30 组件打散前后效果

4. 逐帧动画

逐帧动画是一种常见的动画手法，它的原理是在连续的关键帧中分解动画动作，也就是说，每一帧中的内容不同，通过连续播放而形成动画，其时间轴如图 4-31 所示。

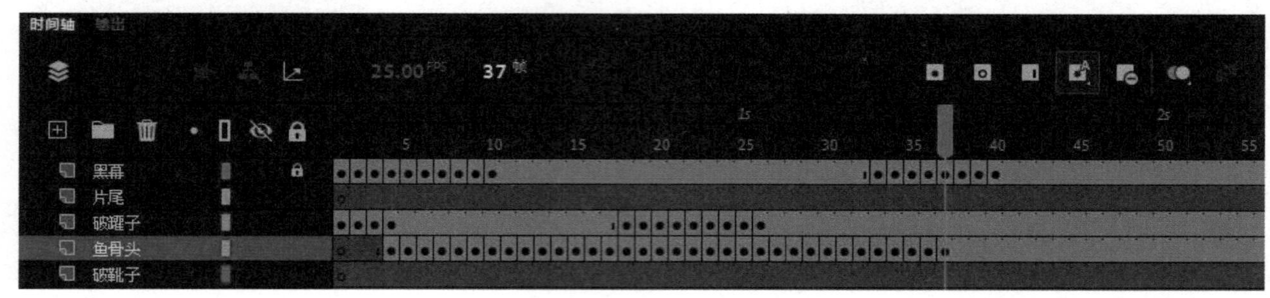

图 4-31　逐帧动画的时间轴

由于逐帧动画的帧序列内容不一样，因此不但会增加制作负担，而且最终输出的文件也很大。但是它的优势也很明显，因为它与电影的播放模式很相似，适合呈现很细腻的动画，如 3D 效果、人物或动物急速转身等效果。

创建逐帧动画有以下几种方法。

（1）使用导入的静态图片建立逐帧动画。

将 JPG、PNG 等格式的静态图片连续导入 Animate 2022 中，就会建立一段逐帧动画。

（2）绘制矢量逐帧动画。

使用鼠标或压感笔在场景中一帧帧地画出帧内容。

（3）文字逐帧动画。

使用文字作为帧中的元件，实现文字跳跃、旋转等特效。

（4）导入序列图像。

可以导入 GIF 序列图像、SWF 动画文件或者利用第三方软件产生动画序列。

5. 骨骼动画

在 Animate 中，编辑人物或动物的身体运动时比较麻烦，而使用骨骼工具制作骨骼动画，可以使该操作变得简单。在制作时，只需创建好骨骼系统，之后将身体的各部分绑定到骨骼系统上，就能按照骨骼系统的动力学原理使绑定对象产生逼真的运动效果。

骨骼动画用于为对象创建一个骨骼系统，这里的对象可以是影片剪辑，也可以是矢量图。

6. 三维动画

虽然 Animate 不是一款 3D 制作软件，但是它仍然为用户提供了一个 X 轴、Y 轴、Z 轴的概念，这样一来，用户就能从原来的 2D 环境拓展到一个有限的三维空间环境中，从而制作一些简单的 3D 动画效果。

任务 1 补间动画——弹跳的足球

作品展示

足球在地面上弹跳，动画效果如图 4-32 所示。

图 4-32 弹跳的足球动画效果

任务分析

先导入现有的图片素材，并将其转换为影片剪辑元件，然后选择“创建补间动画”命令，自动生成两个关键帧。需要注意的是，Animate 中的运动补间动画需要满足一个条件，就是产生运动补间动画的对象必须是元件，如果不是，则 Animate 将会自动生成序列元件。

任务实施

步骤 1 选择“文件”菜单→“新建”命令，新建一个 Animate 文档，设置“宽”和“高”分别为 550 像素和 400 像素，其他相关参数设置如图 4-33 所示。

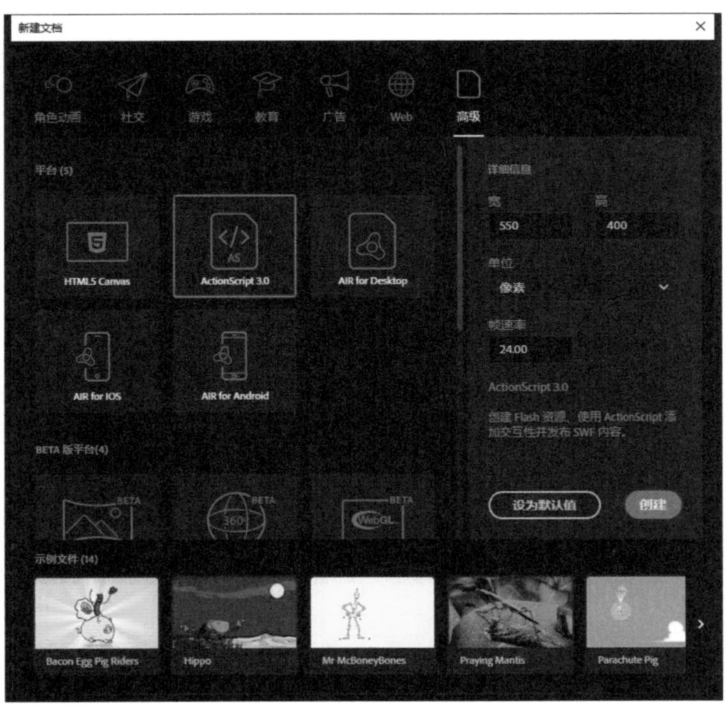

图 4-33 新建文档的参数设置

步骤 2 将“项目四 时间轴和动画\项目四 素材及源文件\任务 1\ls 背景.jpg”文件导入到舞台中。新建图层，将“项目四 时间轴和动画\项目四 素材及源文件\任务 1\足球.png”文件同样导入到舞台中，调整两张图片素材的位置，如图 4-34 所示。

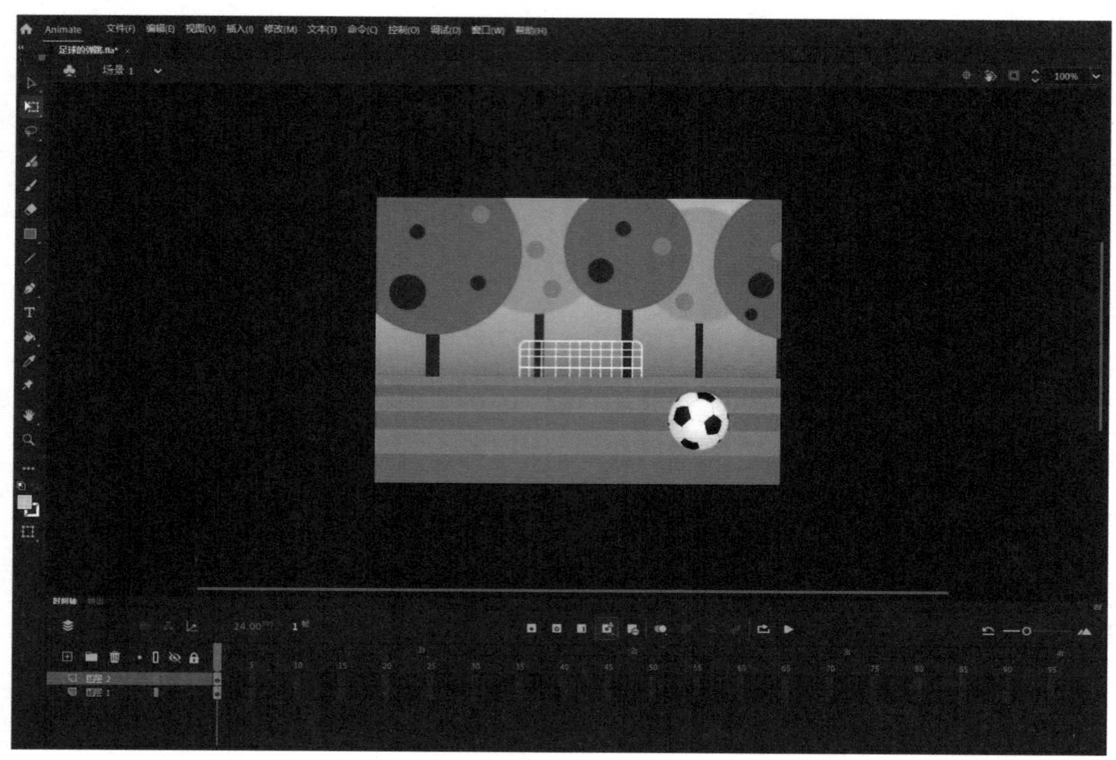

图 4-34 调整图片素材的位置

步骤 3 选中图片后，按快捷键“F8”，将图片转换为一个“名称”为“元件 1”、“类型”为“影片剪辑”的影片剪辑元件，如图 4-35 所示。

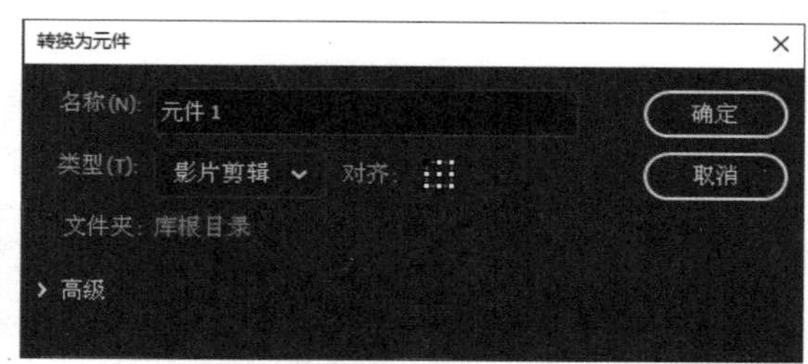

图 4-35 将图片转换为影片剪辑元件

步骤 4 在“图层 2”的第 1 帧处创建补间动画，将“图层 1”和“图层 2”的时间轴通过按快捷键“F5”延续到第 70 帧，此时的“时间轴”面板如图 4-36 所示。

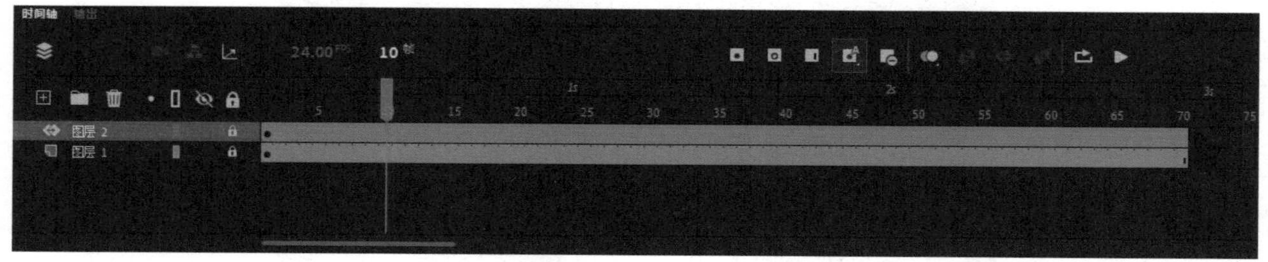

图 4-36 “时间轴”面板

步骤 5 在“图层 2”的第 5、10、15、20、25、30、35 和 40 帧中创建传统补间，调整足球元件的位置和大小，设置完成后的“时间轴”面板如图 4-37 所示。

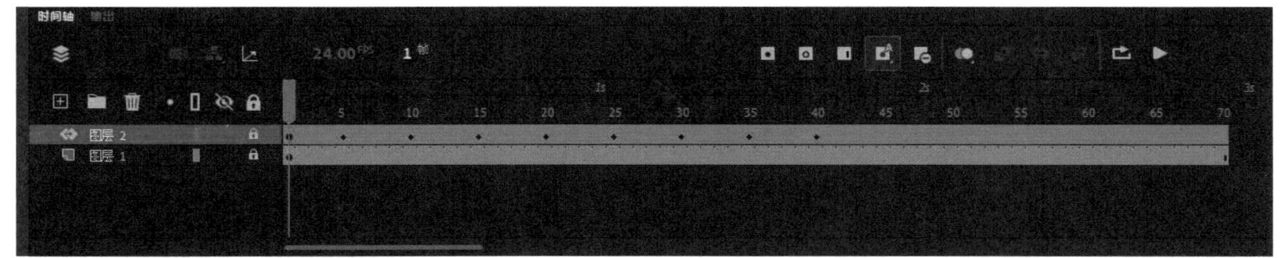

图 4-37　设置完成后的“时间轴”面板

步骤 6　按快捷键“Ctrl+Enter”播放动画，查看效果。

任务经验

本任务实现了图片的补间动画效果，通过修改图片的位置、缩放比例、旋转、颜色等属性，可以进行补间动画设置。

任务 2　分层动画——月光下的船

作品展示

月光下的船在海面上飘过，鲸鱼在水面上跳跃，月光朦朦胧胧，动画效果如图 4-38 所示。

图 4-38　月光下的船动画效果

任务分析

利用之前制作的“月光下的船”动画效果，调整好图层之间的叠压顺序，使画面动静结合，通过传统补间制作出有层次的作品。需要注意的是，在时间轴上，同一图层只能对一个元件制作补间动画，而此动画的画面内容较多，要先分析出哪些图像需要做动画，哪些图像是静态的，将海浪、鲸鱼和小船之间的图层顺序调整好。

任务实施

步骤 1　打开“项目四 时间轴和动画\项目四 素材及源文件\任务 2\纸帆船.fla”文件，在“时间轴”面板中创建 9 个新图层，分别命名为“背景”、“波浪 1”、“鲸鱼”、“波浪 2”、“纸帆船”、“波浪 3”、“星星”、“云”和“月亮”，如图 4-39 所示。接下来，分别从“库”面板中将对应的元件拖曳到相应图层中，如图 4-40 所示。其中，“月亮”元件需要通过“滤镜”面板添加“模糊”效果，如图 4-41 所示。

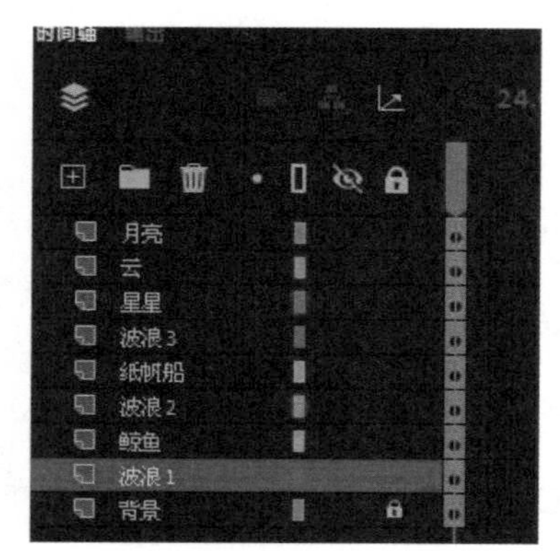

图 4-39 “时间轴”面板中的图层顺序

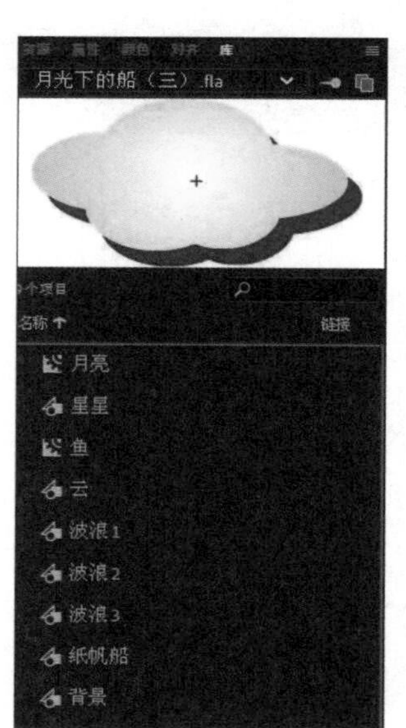

图 4-40 拖曳“库”面板中的元件

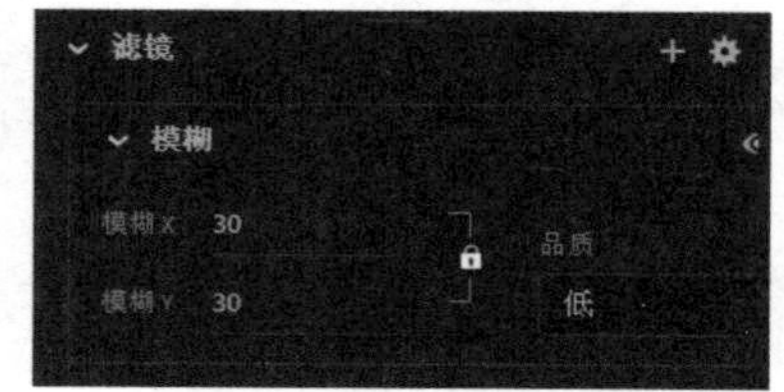

图 4-41 为“月亮”元件添加“模糊”效果

步骤 2 按快捷键“F5”，将所有图层都延续到第 120 帧。对“波浪 1”、“波浪 2”和“波浪 3”图层添加补间动画，使其在舞台中从右向左移动。对“鲸鱼”图层也添加补间动画，在“时间轴”面板中的第 10、30、40、50 和 70 帧处添加位移动作。接下来，对“纸帆船”图层添加补间动画，在“时间轴”面板中的第 20、40、60 和 80 帧处添加位移动作，使动画整体从舞台右侧跳跃、移动到舞台左侧。“时间轴”面板中关键帧的位置和舞台中第 120 帧的效果如图 4-42 和图 4-43 所示。

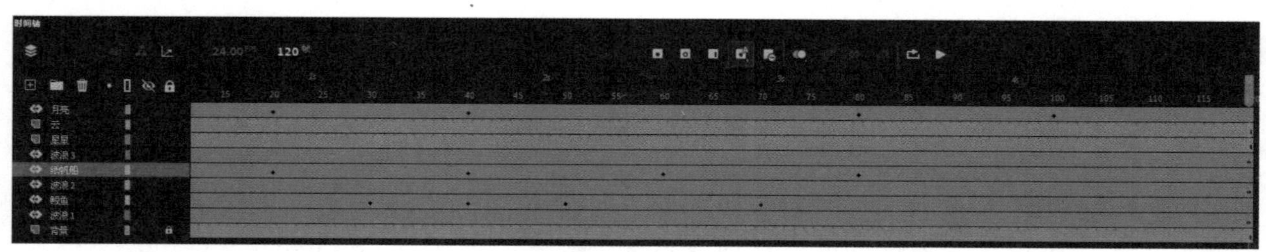

图 4-42 “时间轴”面板中关键帧的位置

图 4-43　舞台中第 120 帧的效果

步骤 3　对“月亮”图层添加补间动画，在“时间轴”面板中调整“月亮”元件的模糊效果分别为：第 20 帧模糊 *X*、*Y* 值为 30 像素，第 40 帧模糊 *X*、*Y* 值为 10 像素，第 80 帧模糊 *X*、*Y* 值为 25 像素，第 100 帧模糊 *X*、*Y* 值为 10 像素，效果如图 4-44 所示。

第 20 帧　　第 40 帧　　第 80 帧

图 4-44　“时间轴”面板中“月亮”元件的模糊效果

步骤 4　按快捷键“Ctrl+Enter”播放动画，查看效果。

任务经验

本任务使学生了解到每个图层只能摆放一个元件来进行补间动画设置。通过对多个图层的排序和补间动画之间关系的运用，学生可以更好地掌握复杂动画中的动静关系和前后顺序。

任务 3　逐帧动画——倒计时

作品展示

倒计时动画即数字逐渐变化的逐帧动画，效果如图 4-45 所示。

图 4-45　倒计时动画效果

任务分析

使用绘图工具和文本工具，在不同的关键帧上绘制不同的数字效果，使时间轴可以按照顺序播放，形成倒计时动画效果。逐帧动画可以制作相对复杂的动画效果，因为对每个动作都要做出相应的关键帧变化，所以制作过程比补间动画麻烦很多。

任务实施

步骤 1 选择“文件”菜单→“新建”命令，新建一个 Animate 文档，设置“宽”和“高”分别为 550 像素和 400 像素，其他相关参数设置如图 4-46 所示。

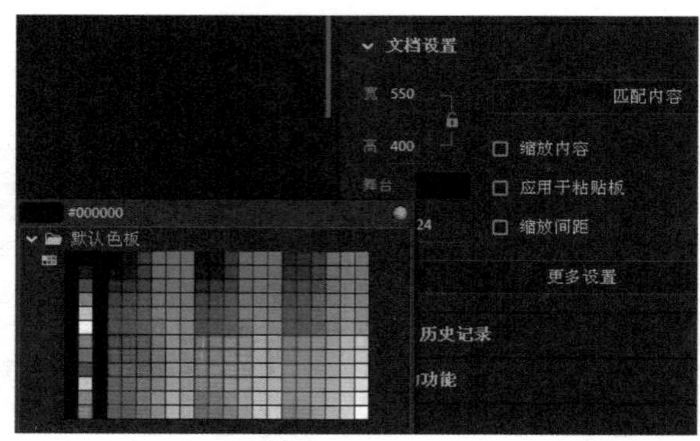

图 4-46 新建文档的参数设置

步骤 2 在“图层 1”中，使用椭圆工具绘制圆环边框，参数设置如图 4-47 所示。选中刚刚绘制好的圆环边框，按快捷键“F8”，将其转换为影片剪辑元件，如图 4-48 所示。在该元件的第 3 帧处按快捷键“F6”插入关键帧，调整圆环颜色为深绿色（#006600），如图 4-49 所示，并在第 4 帧处按快捷键“F5”延续动画。在第 1 帧的圆环上方绘制“十”字线，如图 4-50 所示。

步骤 3 回到场景中，新建“图层 2”，在第 1 帧处使用文本工具输入数字“5”，调整文字属性，如图 4-51 所示。使用同样的方法，分别在第 5、10、15 和 20 帧处插入关键帧，修改文本分别为“4”、“3”、“2”和“1”，在第 25 帧处插入关键帧，并输入文本“start”，效果如图 4-52 所示。

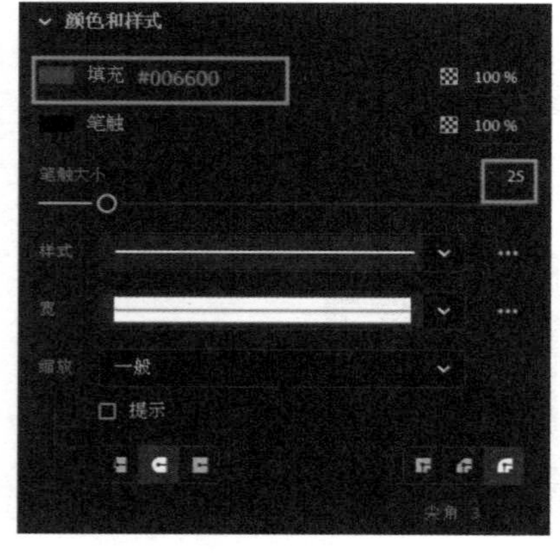

图 4-47 设置“椭圆工具”参数

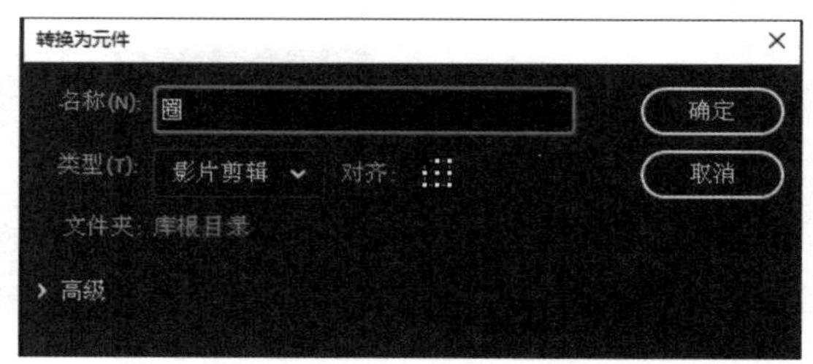

图 4-48 将圆环边框转换为影片剪辑元件

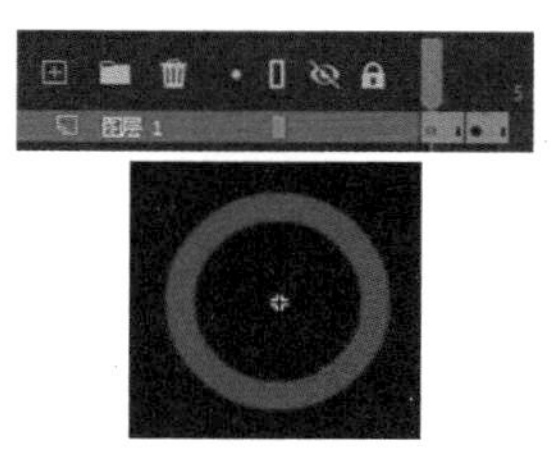

图 4-49　调整圆环颜色

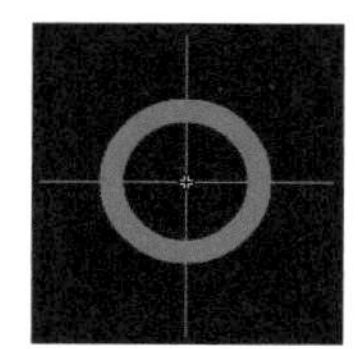

图 4-50　绘制“十”字线

图 4-51　调整文字属性

第 25 帧　第 1 帧　第 5 帧　第 10 帧　第 15 帧　第 20 帧

图 4-52　插入文本效果

步骤 4　在“图层 1”和“图层 2”中按快捷键“F5”，延续时间轴到第 40 帧，如图 4-53 所示。按快捷键“Ctrl+Enter”播放动画，查看效果。

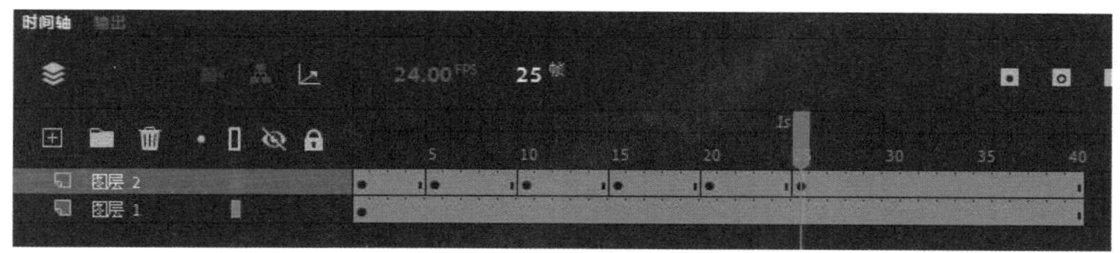

图 4-53　延续时间轴到第 40 帧

任务经验

本任务实现了逐帧动画的制作，要求在每个关键帧中绘制不同的动作，且时间轴按顺序播放，完成动画效果。这里的逐帧可以是每一帧中有一个关键动作的形式，也可以是一拖二或一拖三等隔帧插入关键帧的形式。本任务就是使用每 5 帧插入 1 个关键帧的形式来完成动画效果的。

任务 4　补间形状——圆形变方形再变三角形

作品展示

从一个圆形变成一个方形再变成三角形，动画效果如图 4-54 所示。

图 4-54　圆形变方形再变三角形动画效果

任务分析

先使用绘图工具分别在 3 个关键帧中画出不同的图形，然后选择“创建补间形状”命令，利用补间形状的渐变功能实现从一个图形到另一个图形的变化。需要注意的是，Animate 的补间形状需要满足一个条件，就是产生补间形状的起止对象必须是矢量图，如果不是，则可以将对象打散来实现该条件。

任务实施

步骤 1　选择“文件”菜单→“新建”命令，新建一个 Animate 文档，设置“宽”和“高”分别为 550 像素和 400 像素，其他相关参数设置如图 4-55 所示。

步骤 2　在第 1 帧中绘制一个无边框的圆形，位置在场景左侧。圆形的属性和在场景中的效果如图 4-56 和图 4-57 所示。

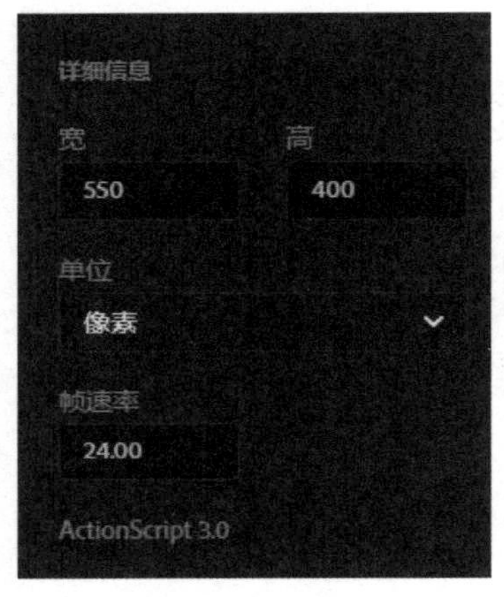

图 4-55　新建文档的参数设置

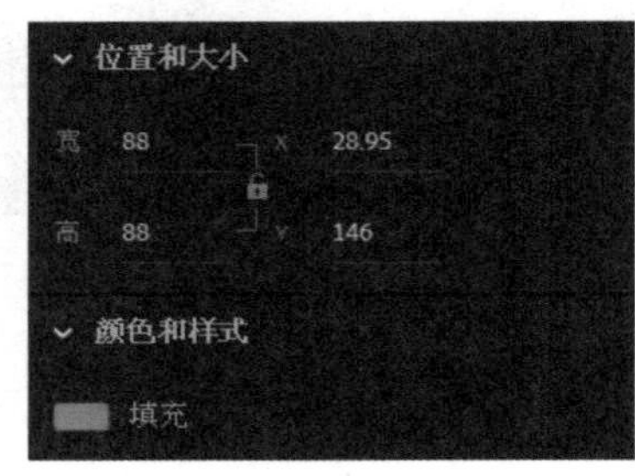

图 4-56　圆形的属性

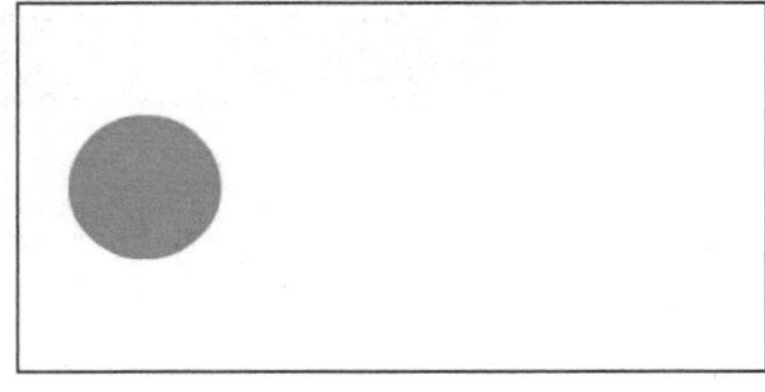

图 4-57　圆形在场景中的效果

步骤 3　在第 15 帧处按快捷键“F7”插入空白关键帧，并在该帧中绘制一个方形，使其在场景中居中，效果如图 4-58 所示。之后，在第 30 帧处按快捷键“F7”插入空白关键帧，并在该帧中使用多角星形工具绘制一个三角形，使其位于场景右侧，效果如图 4-59 所示。

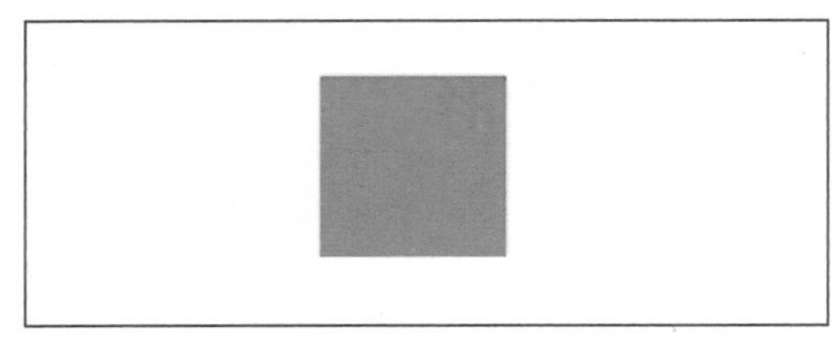

图 4-58　方形在场景中的效果

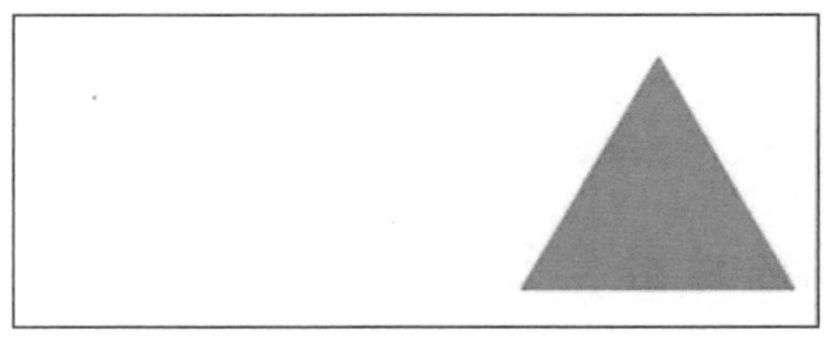

图 4-59　三角形在场景中的效果

步骤 4　在第 1 帧和第 30 帧之间的时间轴上右击，并在弹出的快捷菜单中选择“创建补间形状”命令，此时的“时间轴”面板如图 4-60 所示。

步骤 5　按快捷键“Ctrl+Enter”播放动画，查看效果。

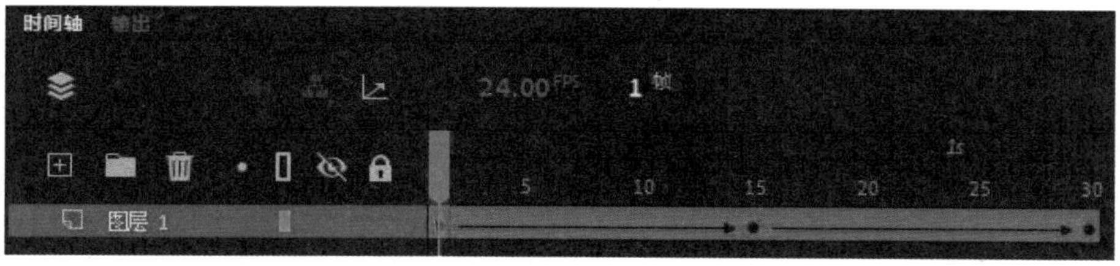

图 4-60 “时间轴”面板

任务经验

本任务实现了几何图形的形状变化，要使图形水平对齐于场景，可以使用“对齐”面板来实现，快捷键为“Ctrl+K”。

任务 5 添加形状提示点动画——怒放荷花

作品展示

制作花苞开放成荷花的复杂补间形状，生成怒放荷花动画，效果如图 4-61 所示。

图 4-61 怒放荷花动画效果

任务分析

先使用绘图工具分别在两个关键帧中画出不同的图形，然后选择“创建补间形状”命令，使用补间形状的渐变功能实现从一个图形到另一个图形的变化。需要注意的是，在 Animate 2022 中，如果两个关键帧中图形的差别较大，在补间形状变形的过程中，就容易出现错误，导致变形的中间过程很难看。因此，在制作较复杂的补间形状时，可以通过添加形状提示点的方式，使动画按照制作者的想法进行。

任务实施

步骤 1 选择“文件”菜单→“新建”命令，新建一个 Animate 文档，设置“宽”和“高”分别为 550 像素和 400 像素，其他相关参数设置如图 4-62 所示。

步骤 2 在第 1 帧中绘制一个粉色无边框的椭圆，调整其边缘形状，形成花苞形状，如图 4-63 所示。新建“图层 2”，放置在“花苞”图层的下面，使用线条工具绘制绿色花茎，参数设置如图 4-64 所示。

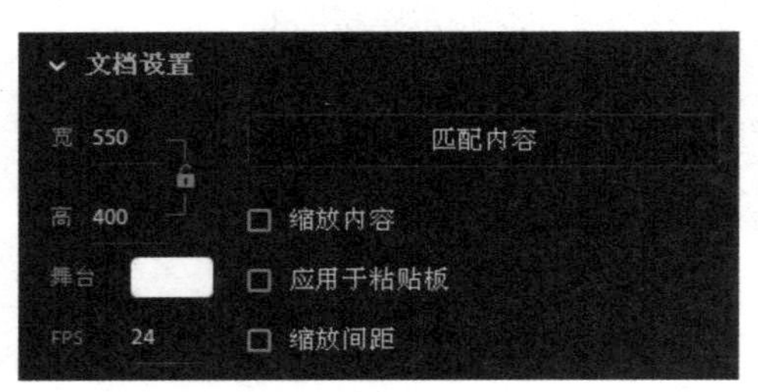

图 4-62　新建文档的参数设置

图 4-63　花苞形状

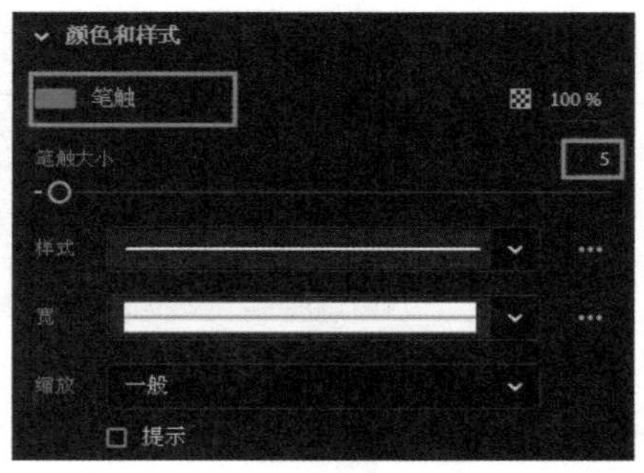

图 4-64　花茎的参数设置

步骤 3　在“图层 2”的第 30 帧处按快捷键“F5”插入延续帧，在“图层 1”的第 30 帧处按快捷键“F6”插入关键帧，并修改图形形状，形成荷花开放形状，如图 4-65 所示。

步骤 4　在第 1 帧和第 30 帧之间的时间轴上右击，在弹出的快捷菜单中选择“创建补间形状”命令，此时的“时间轴”面板如图 4-66 所示。

图 4-65　荷花开放形状

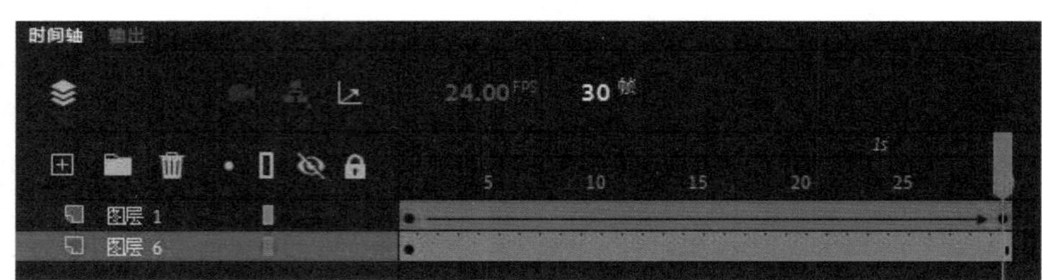

图 4-66　“时间轴”面板

步骤 5　在“图层 1”的第 1 帧处，执行“修改”菜单→“形状”子菜单→“添加形状提示”命令（见图 4-67），为补间形状添加提示点，这样就可以在图形上添加一个编号为“a”的红色形状提示点。在补间形状的两个关键帧中，依次将形状提示点拖曳到图形相应的顶点上，当位置正确时，关键帧中的形状提示点将分别变为黄色和绿色，如图 4-68 所示，重复执行以上命令，依次为花瓣添加相应的形状提示点。

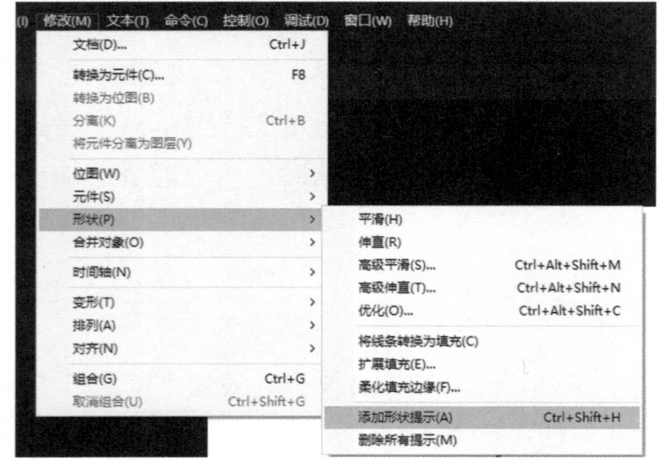

图 4-67　执行“添加形状提示”命令

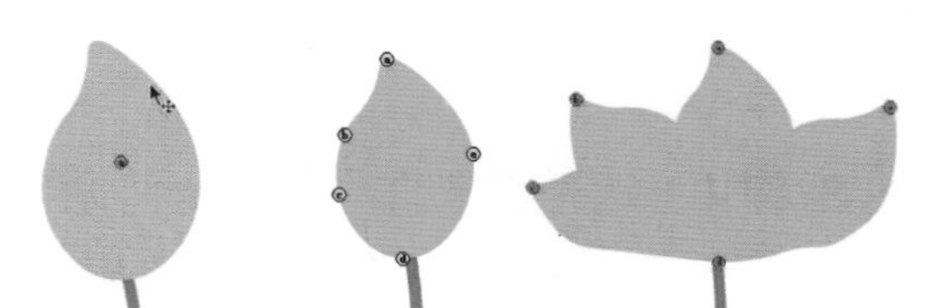
图 4-68　为两个关键帧依次添加形状提示点

步骤 6　按快捷键“Ctrl+Enter”播放动画，查看效果。

任务经验

本任务实现了不规则图形的形状变化，其中为补间形状添加形状提示点可以制作更复杂的变形动画。

任务 6 骨骼动画——皮影戏

作品展示

使用 Animate 2022 中的骨骼工具制作皮影戏动画，效果如图 4-69 所示。

图 4-69　皮影戏动画效果

任务分析

骨骼动画是一种使用骨骼对对象进行处理的动画形式，这些骨骼将父子关系的动作链接成线性或枝状的骨架，也称反向运动。当一个骨骼移动时，与其连接的骨骼也会发生相应的移动。本任务使用元件为人物添加骨骼，通过调整骨骼制作出人物跳舞的动画。

任务实施

步骤 1　选择“文件”菜单→“新建”命令，新建一个 Animate 文档，设置“宽”和“高”分别为 550 像素和 400 像素，其他相关参数设置如图 4-70 所示。将“项目四 时间轴和动画\项目四 素材及源文件\任务 6”中的皮影人体分解图片素材导入到库中，如图 4-71 所示。

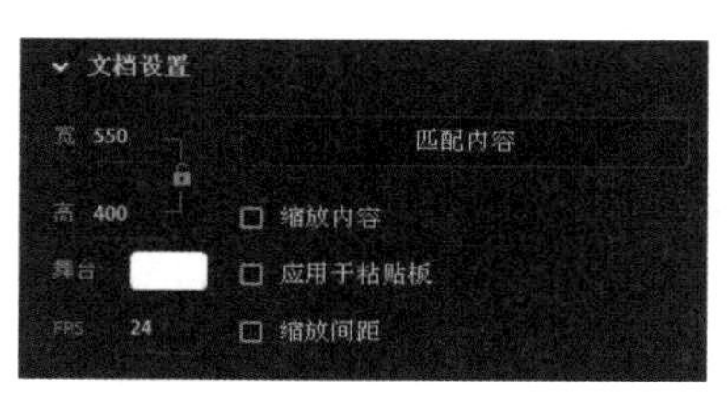

图 4-70　新建文档的参数设置

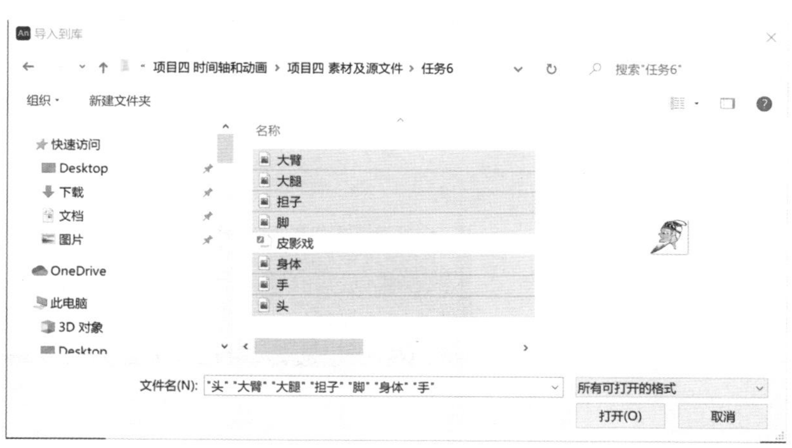

图 4-71　将图片素材导入到库中

步骤 2 将“库”面板中的图片素材分别摆放到场景中，将不同的身体部件图片分别按快捷键“F8”转换成图形元件，并命名为“头”、“身体”、“大臂”、“手”、“大腿”和“脚”，如图 4-72 所示。

步骤 3 将身体的各部分元件摆放在一起，组成一个完整的人物造型，如图 4-73 所示。

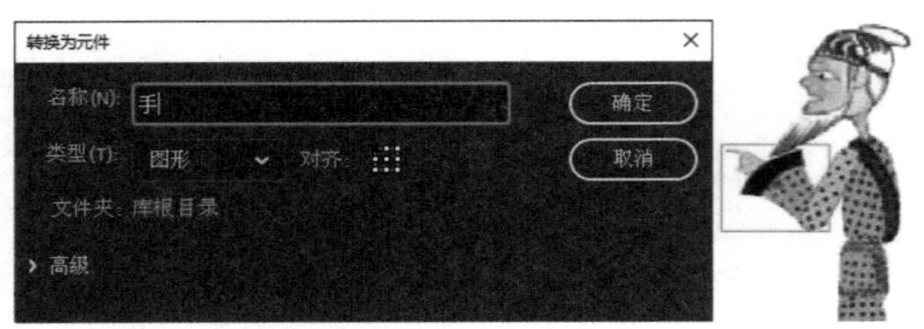

图 4-72 将不同的身体部件图片转换成图形元件

图 4-73 完整的人物造型

步骤 4 选择工具箱中的骨骼工具，单击并拖动鼠标指针，为人物创建骨骼，如图 4-74 所示。使用相同的方法创建其他骨骼，如图 4-75 所示。

步骤 5 “时间轴”面板如图 4-76 所示，在“骨架_4”图层的第 60 帧处右击，在弹出的快捷菜单中选择“插入姿势”命令，如图 4-77 所示。

图 4-74 创建骨骼

图 4-75 创建其他骨骼

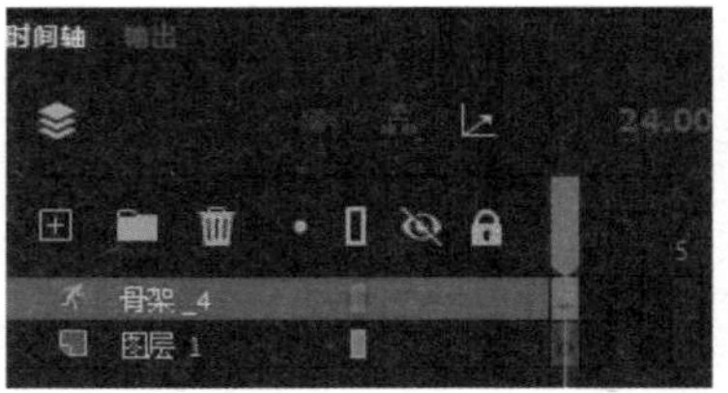

图 4-76 “时间轴”面板（1）

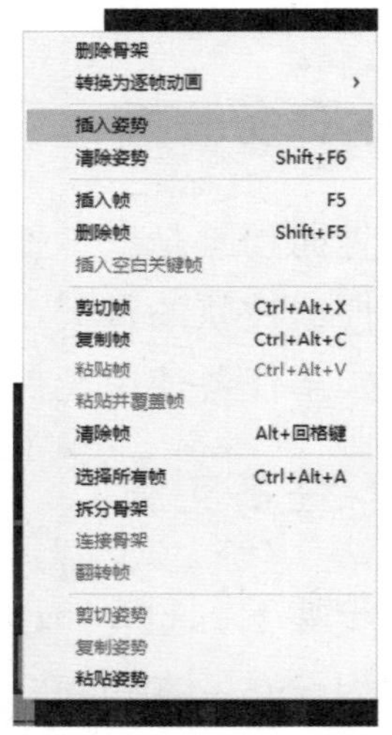

图 4-77 选择“插入姿势”命令

步骤 6 单击“骨架_4”图层的第 5 帧，拖动骨骼，调整实例位置，如图 4-78 所示。按照相同的方法，每 5 帧调整一下实例动作，完成动画的全部动作，此时的“时间轴”面板如图 4-79 所示。

图 4-78 调整实例位置

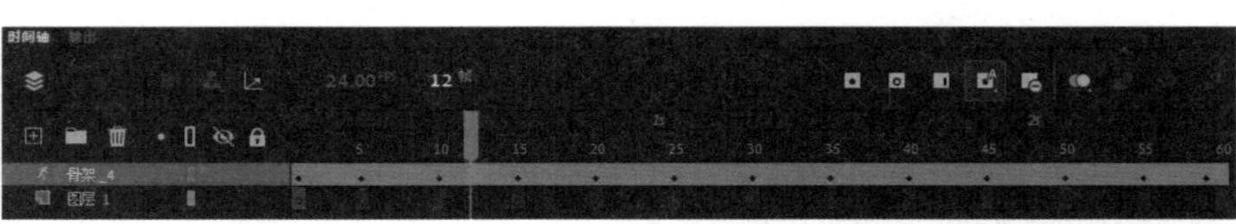

图 4-79 “时间轴”面板（2）

步骤 7 在“图层 1”中，将“库”面板中的“担子.png”图片拖曳到场景中，配合人物的位置摆放，并转换成元件，效果如图 4-80 所示。按照每 5 帧插入一个关键帧的方式，调整“担子”元件的位置和角度，形成逐帧动画。新建图层，利用笔刷工具绘制地面效果，此时的“时间轴”面板如图 4-81 所示。

图 4-80　担子效果

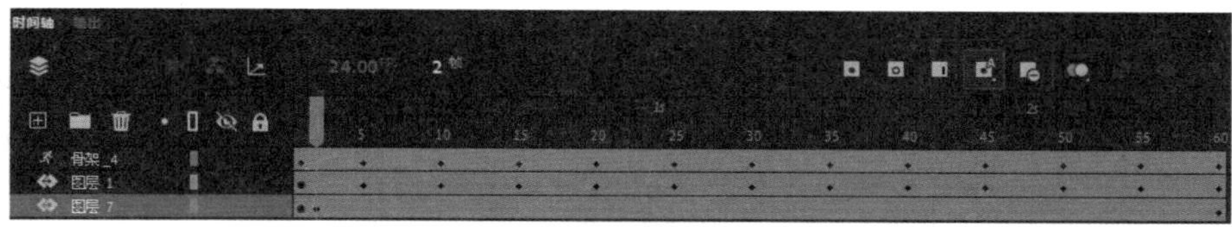
图 4-81　“时间轴”面板（3）

步骤 8　按快捷键“Ctrl+Enter”播放动画，查看效果。

任务经验

本任务实现了使用骨骼工具制作复杂人物动作的动画。骨骼绑定的位置直接影响到调整人物动作的效果。

任务 7　三维动画——旋转魔方

作品展示

使用 Animate 2022 中的 3D 旋转工具制作具有立体空间效果的旋转魔方，动画效果如图 4-82 所示。

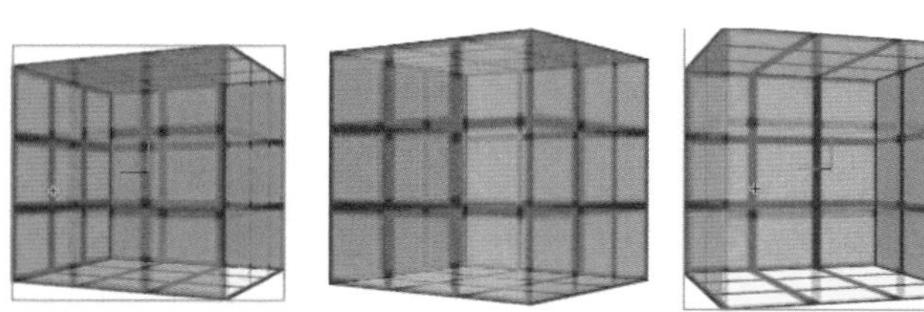
图 4-82　旋转魔方动画效果

任务分析

本任务通过制作一个旋转魔方，帮助学生进一步了解如何使用 3D 旋转工具，并且学会在 Animate 中进行三维动画效果制作的方法。

任务实施

步骤 1　选择“文件”菜单→“新建”命令，新建一个 Animate 文档，设置“宽”和“高”分别为 550 像素和 400 像素，其他相关参数设置如图 4-83 所示。

步骤 2 使用工具箱中的矩形工具绘制魔方的 6 个面，分别将它们转换成影片剪辑元件，并使用相应的颜色命名，效果如图 4-84 所示。

图 4-83 新建文档的参数设置

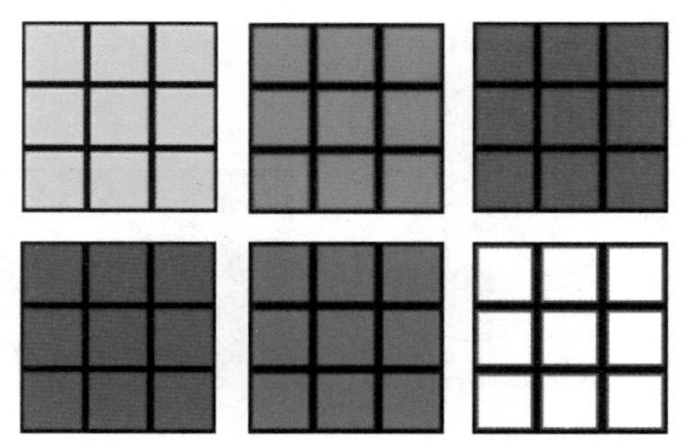

图 4-84 魔方 6 个面的效果

步骤 3 选中影片剪辑“黄”面，在“属性”面板中修改其 *X* 轴、*Y* 轴、*Z* 轴坐标为 0、0、150，并修改影片剪辑“红”面的 *X* 轴、*Y* 轴、*Z* 轴坐标为 0、0、0，如图 4-85 和图 4-86 所示。需要注意的是，虽然设置对象是一个面，但是软件会默认操作对象的中心点位置，修改坐标参数后影片剪辑的中心点会自动对应到坐标参数位置，本案例后续关于面的操作步骤同理。

图 4-85 “红”面的 *X* 轴、*Y* 轴、*Z* 轴坐标

图 4-86 “黄”面和“红”面的位置关系

步骤 4 将影片剪辑“蓝”面移动到坐标(150,0,0)处，使用 3D 旋转工具将元件的控制点移动到左上角，使其沿 *Y* 轴旋转 90°，如图 4-87 所示。

步骤 5 将影片剪辑“绿”面移动到坐标(0,0,0)处，使用 3D 旋转工具将元件的控制点移动到左上角，使其沿 *Y* 轴旋转 90°，如图 4-88 所示。

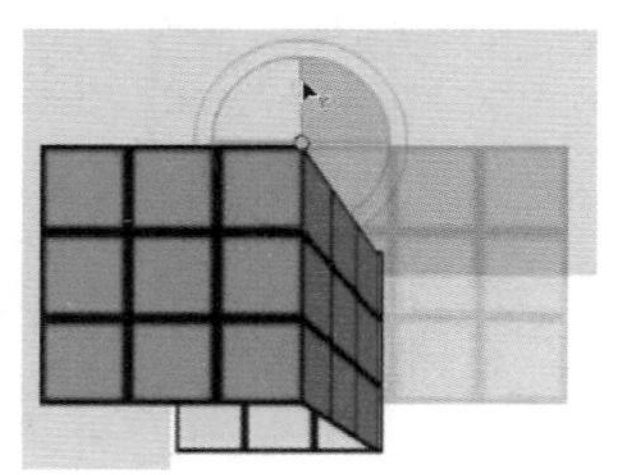

图 4-87 旋转“蓝”面

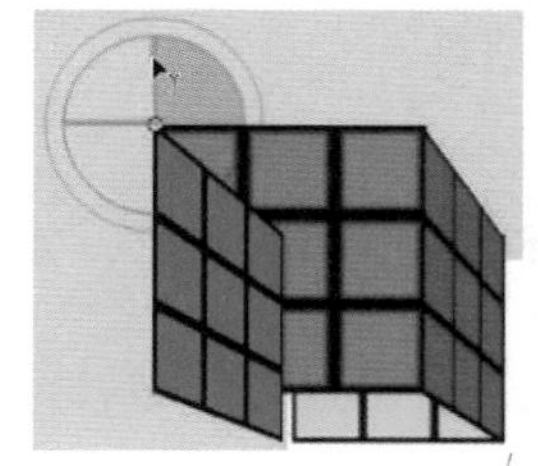

图 4-88 旋转“绿”面

步骤 6 将影片剪辑“紫”面移动到坐标(0,0,0)处，使用 3D 旋转工具将元件的控制点移动到左上角，使其沿 *X* 轴旋转 90°，如图 4-89 所示。

步骤 7 将影片剪辑“白”面移动到坐标(0,150,0)处，使用 3D 旋转工具将元件的控制点移动到左上角，使其沿 *X* 轴旋转 90°，如图 4-90 所示。

步骤 8 选择影片剪辑“蓝”面并右击，在弹出的快捷菜单中选择“排列”→“移至顶层”命令，再对影片剪辑“红”面执行该命令，将“红”面调整到最上方，完成魔方组合，如图 4-91 所示。

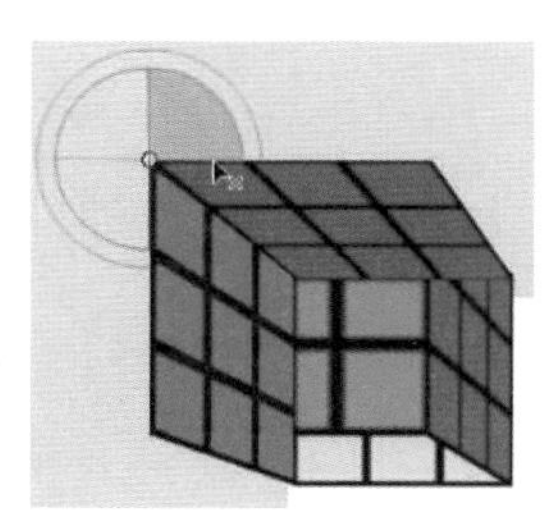
图 4-89 旋转“紫”面

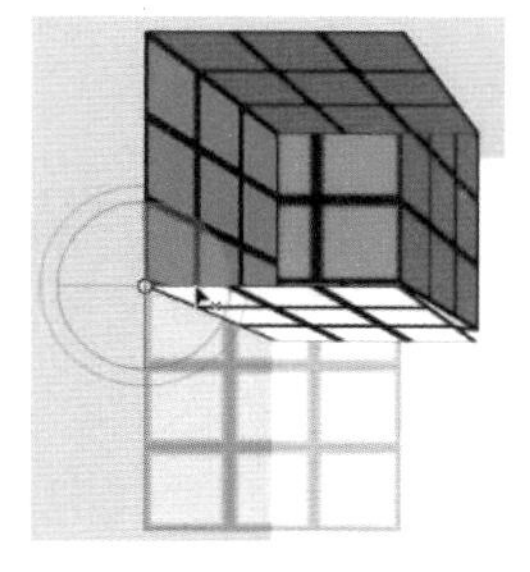
图 4-90 旋转“白”面

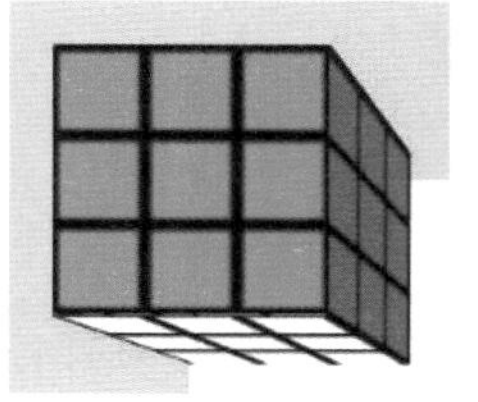
图 4-91 完成魔方组合

步骤 9 3D 旋转工具只对影片剪辑元件有效，因此，选中整个魔方，按快捷键“F8”，将其转换为一个“魔方”影片剪辑元件，如图 4-92 所示。将“魔方”影片剪辑元件移动到舞台中间，在“属性”面板中将透明度“Alpha”修改为 50%，如图 4-93 所示。

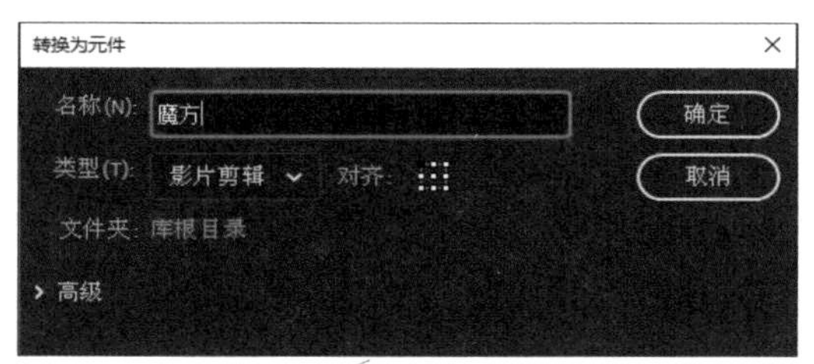

图 4-92 转换为影片剪辑元件

图 4-93 修改透明度“Alpha”

步骤 10 在时间轴的第 60 帧处按快捷键“F5”，延长时间轴的显示，并在图层中插入补间动画，此时的“时间轴”面板如图 4-94 所示。

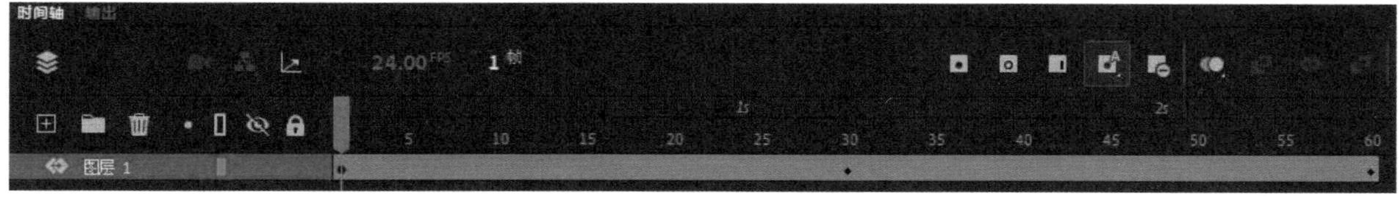

图 4-94 “时间轴”面板

步骤 11 将时间轴移动到第 30 帧处，使用 3D 旋转工具将魔方沿 *Y* 轴旋转 180°，再将时间轴移动到第 60 帧处，将魔方沿 *Y* 轴旋转 360°，回到起始状态，效果如图 4-95 所示。

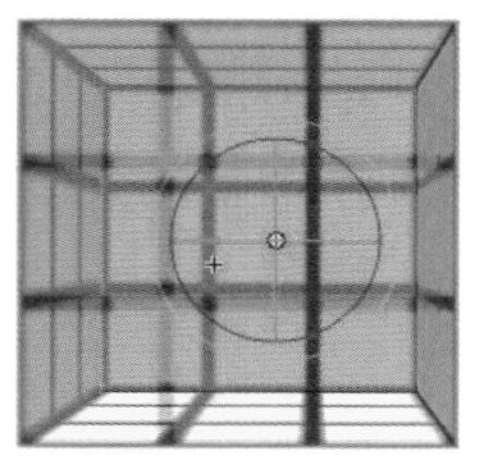
图 4-95 起始状态的效果

步骤 12 按快捷键“Ctrl+Enter”播放动画，查看效果。

任务经验

本任务实现了使用 3D 旋转工具制作三维动画的效果，其中，*X* 轴、*Y* 轴、*Z* 轴坐标的方向和角度会直接影响动画的画面效果。

思考与探索

思考：

1．传统动画和补间动画有什么差异？

2．为什么动画要分图层制作？

3．在同一个图层上，能放置几个补间动画对象？

4．插入帧、关键帧和空白关键帧的快捷键分别是什么？

5．3D 旋转工具对各种元件都有效果吗？

探索：

1．根据所给的素材制作“飘动的云”动画，效果如图 4-96 所示，采用哪种动画类型更合适呢？

2．使用 Animate 2022 中的骨骼工具制作补间动画“金鱼池塘”，效果如图 4-97 所示。

图 4-96 “飘动的云”动画效果

图 4-97 “金鱼池塘”动画效果

项目小结

项目四是 Animate 软件教学中的重点内容之一，通过丰富、典型的任务范例讲解了常用的动画制作方法。其中，涉及帧的概念和运用，以及补间动画、逐帧动画、骨骼动画、三维动画等的制作。这些都是前人总结和经过实践检验的动画制作方法，需要我们认真掌握。

引导路径动画和遮罩动画

项目五

项目导读

在二维动画作品中，我们经常会看到鱼儿在水中自由自在地游来游去、卫星围绕着地球旋转，以及绚烂的光线、MTV 字幕等动画效果，这些动画效果单纯地依靠设置关键帧是很难实现的。Animate 2022 为我们提供了引导层和遮罩层来实现复杂动画的制作。在项目五中，我们将学会如何使用引导层和遮罩层来制作复杂动画。

学会什么

① 了解引导层的功能，掌握引导路径动画的制作方法

② 了解遮罩层的功能，掌握遮罩动画的制作方法

③ 学会综合使用引导层和遮罩层制作复杂动画

项目展示

范例分析

本项目共有 3 个任务，重点介绍 Animate 2022 中引导路径动画和遮罩动画的制作。

任务 1 的作品如图 5-1 所示，该任务使用引导层制作引导路径动画，实现纸飞机沿着指定的路径飞行的动画效果，帮助学生了解和掌握引导路径动画的制作方法。

任务 2 的作品如图 5-2 所示，该任务使用遮罩层制作遮罩动画，实现放大镜效果，帮助学生了解遮罩层的工作原理，掌握遮罩动画的制作方法。

任务 3 的作品如图 5-3 所示，该任务制作了一则公益广告动画，综合使用了引导路径动画和遮罩动画。飞机沿指定路径飞行，并且随着飞机的飞行展开白板；广告词以逐字效果出现。本任务的重点是引导学生在熟练制作引导路径动画和遮罩动画的基础上，进一步学习如何把握动画的节奏及版面结构。

图 5-1　纸飞机动画

图 5-2　放大镜动画

图 5-3　公益广告动画

学习重点

本项目重点介绍引导路径动画和遮罩动画的原理，使学生掌握引导路径动画和遮罩动画的制作方法及使用技巧。

储备新知识

引导路径动画

引导路径动画是指将一个或多个图层链接到一个引导层，使一个或多个对象沿引导层指定的路径运动的动画。引导路径动画由引导层和被引导层组成。如图 5-4 所示，图层中带有图标的图层是引导层，“图层 1”为被引导层。

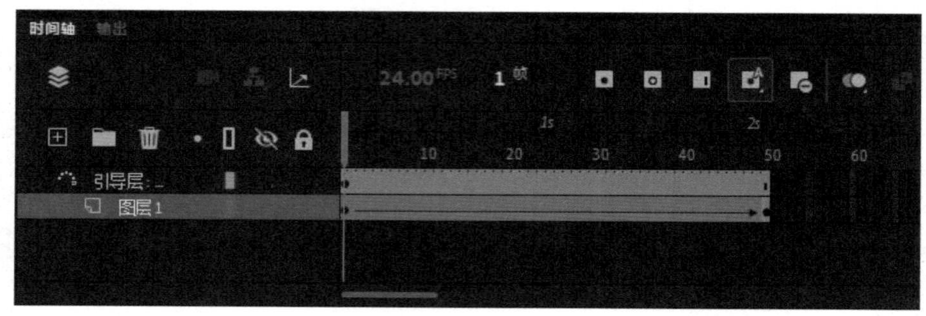

图 5-4　引导层和被引导层

1. 引导路径动画的原理

引导层是 Animate 中一种特殊的图层，灵活地使用引导层可以创建出丰富多彩的动画效果。Animate 通过引导路径动画来实现对象沿着复杂路径移动的效果，而引导路径动画就是利用引导层中的引导线确定移动路径，使被引导层中的物体沿着指定的路径移动而生成的动画。需要注意的是，在引导层上绘制的引导线仅作为路径，在发布作品时是不会显示出来的。

2. 创建引导路径动画的步骤

引导路径动画实际上是补间动画的特例，创建引导路径动画可以采用以下步骤。

（1）在“图层 1”中创建一个对象，插入关键帧，在两个关键帧之间创建传统补间。

（2）选择“图层 1”并右击，在弹出的快捷菜单中选择“添加传统运动引导层”命令，为“图层 1”添加引导层，如图 5-5 所示。此时，“图层 1”缩进为被引导层，如图 5-6 所示。

（3）先在引导层中绘制一条路径，然后在“时间轴”面板中插入帧，将绘制的路径沿用到已做好的补间动画的终止帧处，如图 5-7 所示。

（4）在被引导层中调整对象的位置，在起始帧处将对象的中心点移动到路径的起始端点，在终止帧处将对象的中心点移动到路径的终止端点。注意，对象的中心点一定要对准引导线的端点，如图 5-8 所示。

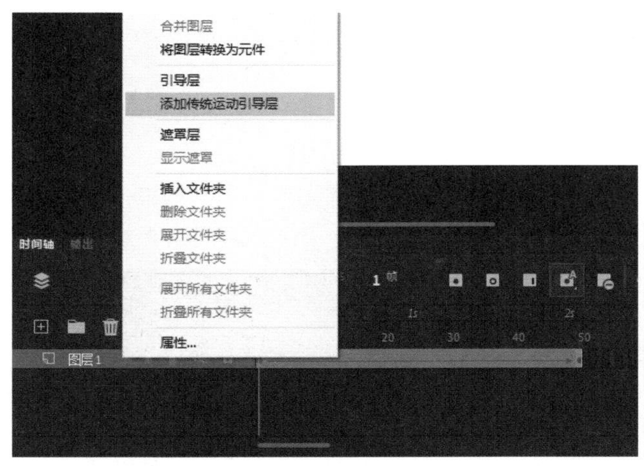

图 5-5　添加引导层

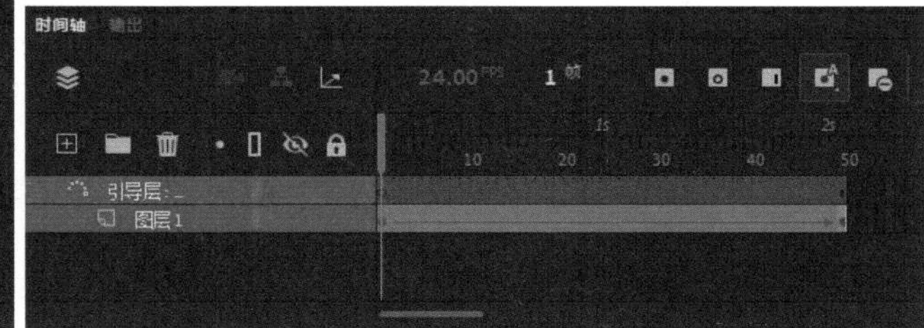

图 5-6　“图层 1”缩进为被引导层

图 5-7　将路径沿用到终止帧处

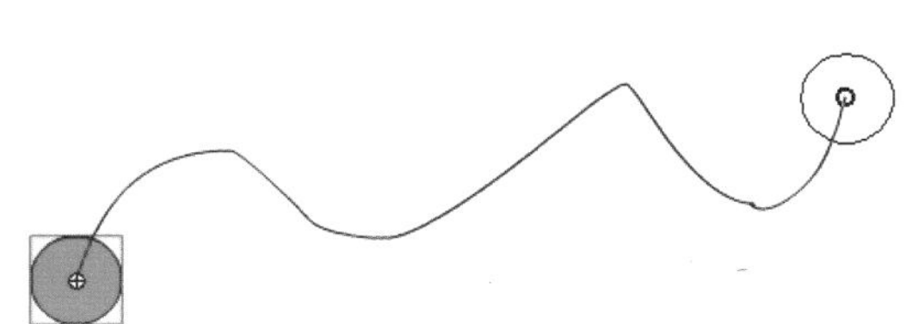

图 5-8　对象的中心点对准引导线的端点

遮罩动画

遮罩也被称为蒙板，是 Animate 中一个重要的功能。灵活地将遮罩与其他 Animate 功能配合使用，可以使作品更加丰富、生动。

1. 遮罩动画的原理

遮罩相当于在普通图层上创建了一个任意形状的视窗，普通图层上视窗内的对象会通过视窗显示出来，而视窗之外的对象则不会显示。

在 Animate 2022 中，遮罩动画是通过遮罩层来实现有选择性地显示位于其下方的被遮罩层中的内容的。在一个遮罩动画中，遮罩层只有一个，被遮罩层可以有任意多个。

2. 创建遮罩动画的步骤

在 Animate 中，遮罩层是由普通图层转换而成的。只要在某个图层上右击，在弹出的快捷菜单中选择“遮罩层”命令，如图 5-9 所示，该图层就会转换成遮罩层，同时，遮罩层下面的图层被自动关联为被遮罩层，如图 5-10 所示。如果你想关联更多的图层，使它们成为被遮罩层，则只需要将这些图层拖曳到遮罩层下面即可。

3. 遮罩层与被遮罩层所使用的内容

遮罩层中的图形对象在播放时是看不到的。遮罩层中的内容可以是按钮、影片剪辑、图形、位图、文字等，但不能是线条。

被遮罩层中的对象只能透过遮罩层中的对象被看到。在被遮罩层中，可以使用按钮、影片剪辑、图形、位图、文字、线条等。

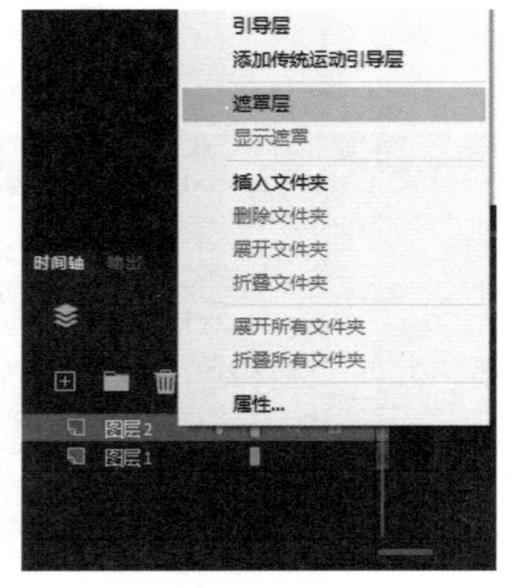

图 5-9　选择“遮罩层”命令

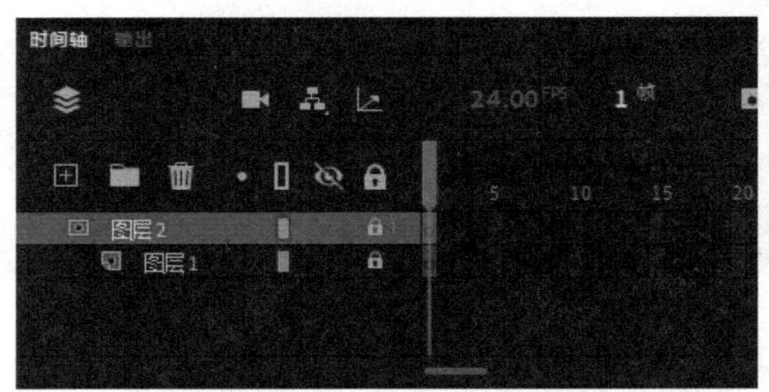

图 5-10　自动关联为被遮罩层

任务 1　引导路径动画——纸飞机

作品展示

纸飞机沿着指定的路径移动，动画效果如图 5-11 所示。

图 5-11　纸飞机动画效果

任务分析

制作引导层路径动画，实现纸飞机沿着指定的路径飞行的效果。

任务实施

步骤 1　选择“文件”菜单→“新建”命令，新建一个 Animate 文档，设置相关参数，如图 5-12 所示。

步骤 2　选择“文件”菜单→“导入”子菜单→“导入到舞台”命令，导入“项目五 引导路径动画和遮罩动画\项目五 素材及源文件\任务 1\背景.jpg”文件，并将“时间轴”面板中的“图层 1”重命名为“背景”，如图 5-13 所示。

步骤 3 选择“背景”图层，在第 50 帧处插入帧，“时间轴”面板如图 5-14 所示。

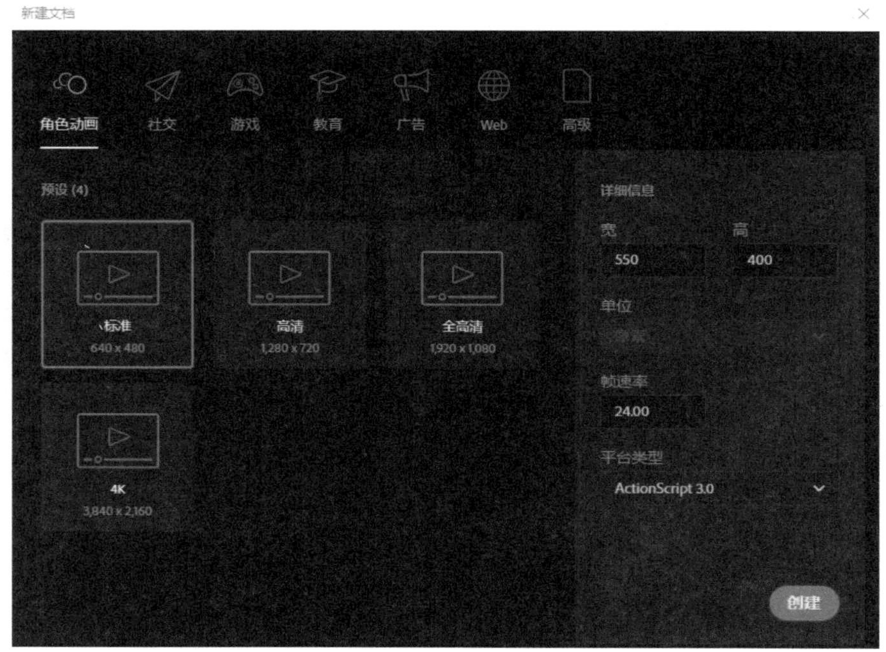

图 5-12 新建文档的参数设置

图 5-13 “背景”图层

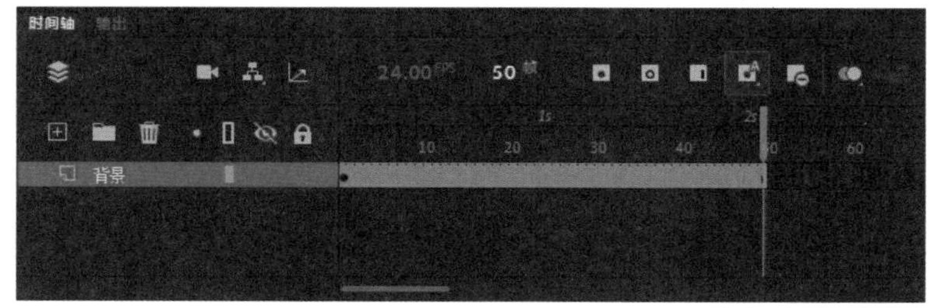

图 5-14 “时间轴”面板（1）

步骤 4 选择“文件”菜单→“导入”子菜单→“导入到库”命令，将“项目五 引导路径动画和遮罩动画\项目五 素材及源文件\任务 1\飞机.png”导入到库中。

步骤 5 新建“图层 2”，并将其重命名为“飞机”。将“飞机.png”文件从库中拖曳到舞台上，并将飞机图形缩小到 70%，如图 5-15 所示。

步骤 6 选择“飞机”图层，在第 50 帧处插入关键帧，将飞机移动到舞台的其他位置，并创建飞机的补间动画，此时的“时间轴”面板如图 5-16 所示。

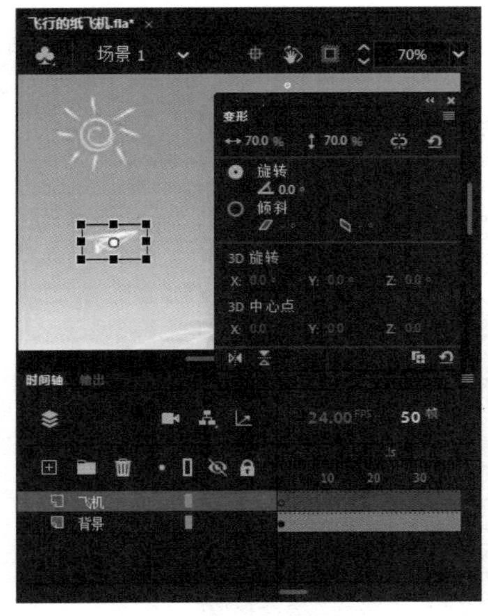

图 5-15　导入飞机图形并缩小

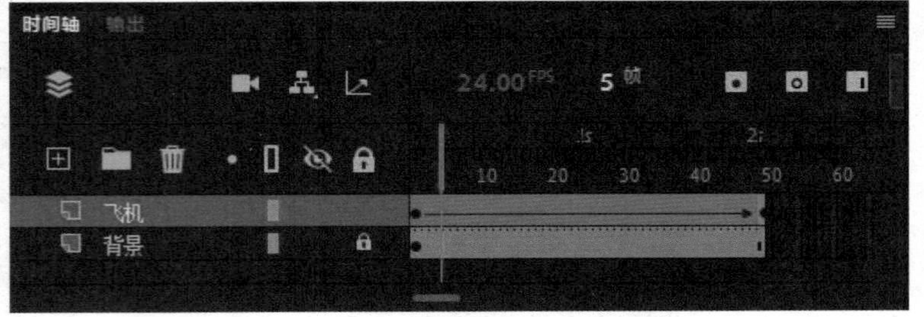
图 5-16　“时间轴”面板（2）

步骤 7　选择“飞机”图层并右击，在弹出的快捷菜单中选择“添加传统运动引导层”命令，为“飞机”图层添加引导层，此时的“时间轴”面板如图 5-17 所示。

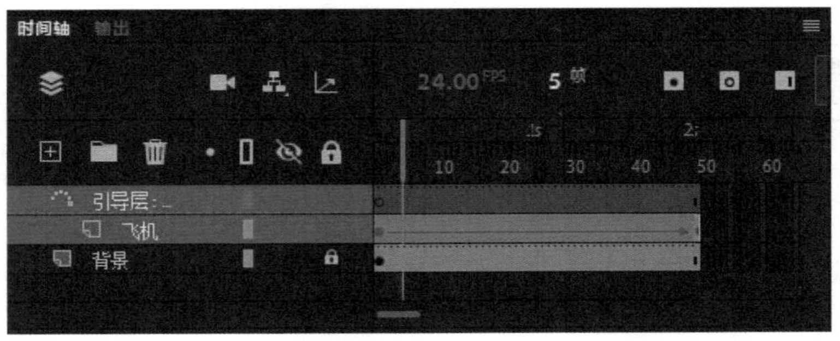
图 5-17　“时间轴”面板（3）

步骤 8　选中引导层，选择工具栏中的铅笔工具，并将铅笔模式设置为“平滑”，在舞台中绘制飞机飞行的路径，并调整路径的平滑度，如图 5-18 所示。

步骤 9　选中“时间轴”面板上“飞机”图层的第 1 帧，将飞机移动到引导线的起始端，注意飞机的中心点要与引导线的起始端点对准；再选中第 50 帧，将飞机移动到引导线的终止端，同样注意将飞机的中心点与引导线的终止端点对准，这是保证飞机沿引导线移动的关键，如图 5-19 所示。拖动时间轴，可以看到飞机沿着引导线移动。

图 5-18　绘制飞机飞行的路径

图 5-19　将飞机的中心点与引导线的端点对准

步骤 10 选中“飞机”图层的补间动画，在“属性”面板中勾选“调整到路径”复选框，如图 5-20 所示。

步骤 11 按快捷键“Ctrl+Enter”播放动画，查看效果。

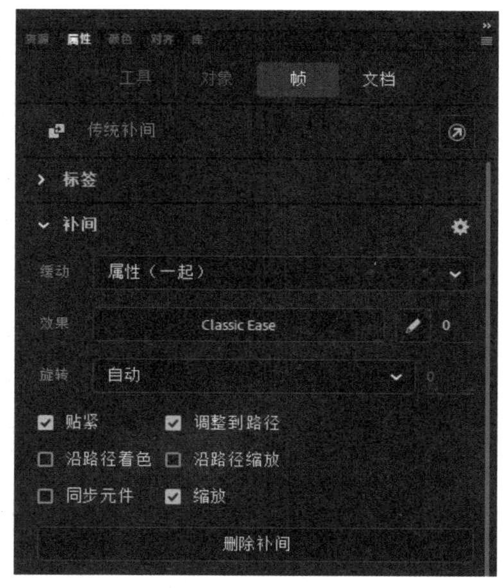

图 5-20 勾选“调整到路径”复选框

任务经验

在制作引导路径动画时，我们需要明确引导层是用来指定元件运行路径的，所以引导层中的内容可以是用钢笔工具、铅笔工具、线条工具、椭圆工具、矩形工具或画笔工具等绘制的线段。被引导层中的对象会跟随引导线的路径运动，可以是影片剪辑、图形、按钮、文字等，但不能是补间形状。

任务 2 遮罩动画——放大镜

作品展示

当放大镜在画面上移动时，放大镜下面的图形部分会被放大显示，动画效果如图 5-21 所示。

图 5-21 放大镜动画效果

任务分析

本任务使用遮罩动画来实现图形的放大效果。其中原图为“背景”图层，“大图”图层为被遮罩层，使用椭圆工具绘制的“放大镜”图层为遮罩层。

任务实施

步骤 1 选择“文件”菜单→“新建”命令，新建一个 Animate 文档，设置相关参数，如图 5-22 所示。

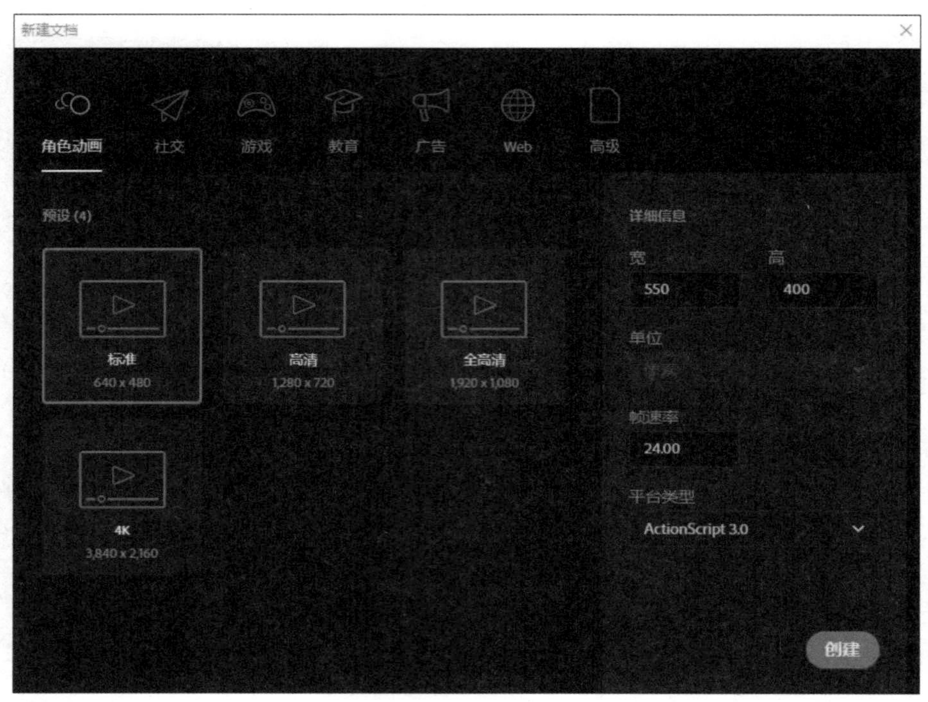

图 5-22　新建文档的参数设置

步骤 2　选择“文件”菜单→“导入”子菜单→“导入到库”命令，将“项目五 引导路径动画和遮罩动画\项目五 素材及源文件\任务 2\原图.jpg 和镜框.png”导入到库中。

步骤 3　将库中的“原图.jpg”文件拖曳到舞台中，通过“对齐”面板使原图与舞台对齐，并将“图层 1”重命名为“背景”，在第 50 帧处插入帧，效果如图 5-23 所示。

步骤 4　新建“图层 2”，将其重命名为“大图”，再次将库中的“原图.jpg”文件拖曳到舞台中，通过“对齐”面板使原图与舞台对齐，并将其放大到 140%，效果如图 5-24 所示。

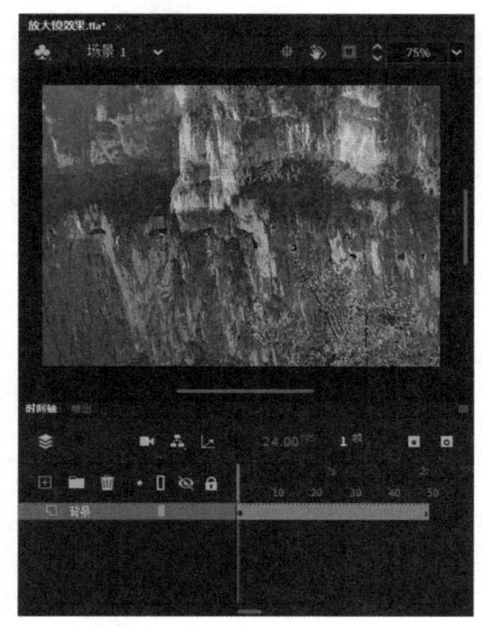

图 5-23　“背景”图层效果

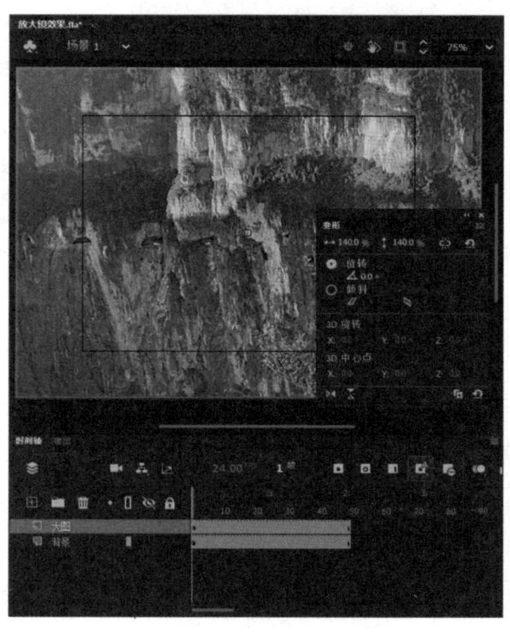

图 5-24　“大图”图层效果

步骤 5 新建“图层 3”，将其重命名为“放大镜”，使用椭圆工具在舞台中绘制圆形，并在第 1 帧和第 50 帧之间创建圆形从左向右移动的传统补间，如图 5-25 所示。

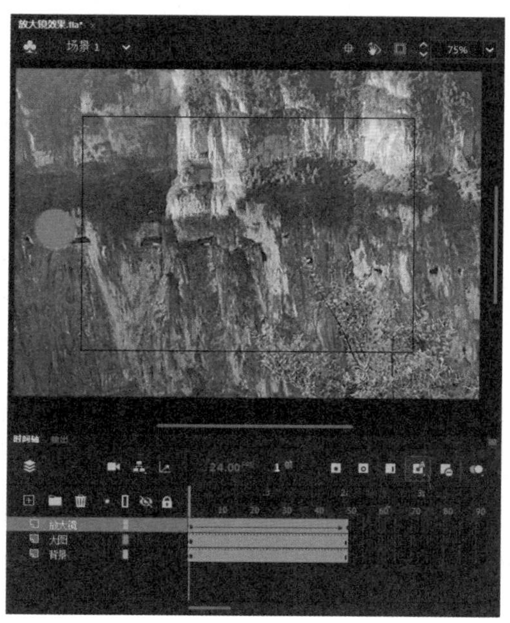
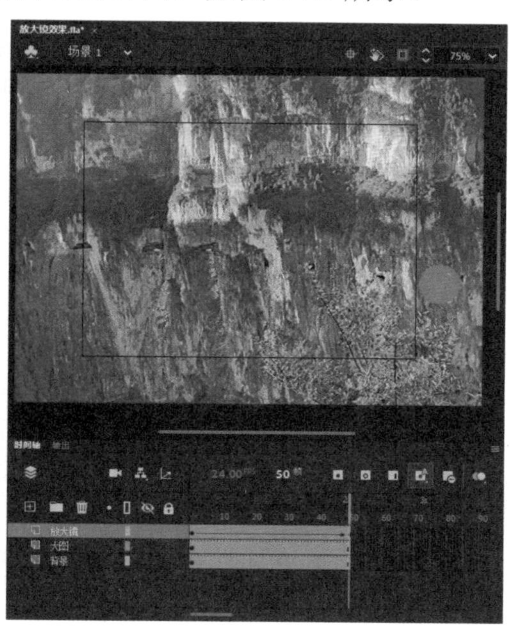

图 5-25 创建传统补间

步骤 6 新建“图层 4”，将其重命名为“镜框”，将库中的“镜框.png”文件拖曳到舞台中，调整其大小和位置，按照步骤 5 的方法创建从左到右的补间动画，如图 5-26 所示。

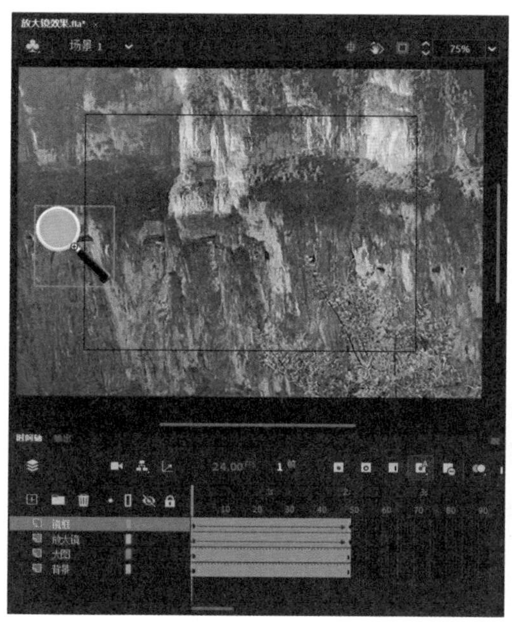
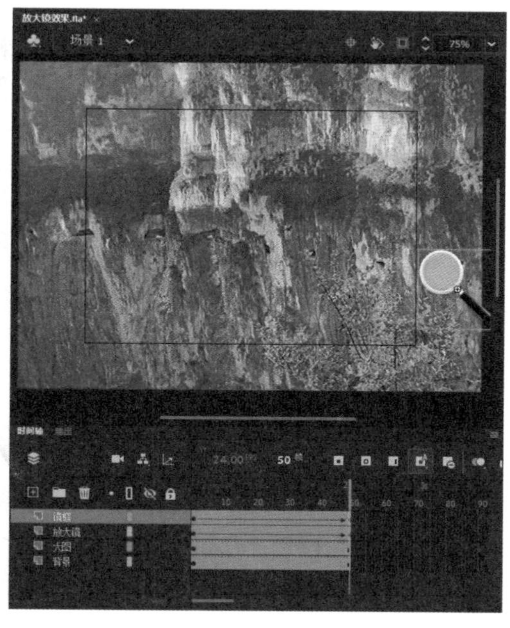

图 5-26 创建补间动画

步骤 7 选中“放大镜”图层并右击，在弹出的快捷菜单中选择“遮罩层”命令，将“放大镜”图层转换为遮罩层，如图 5-27 所示。

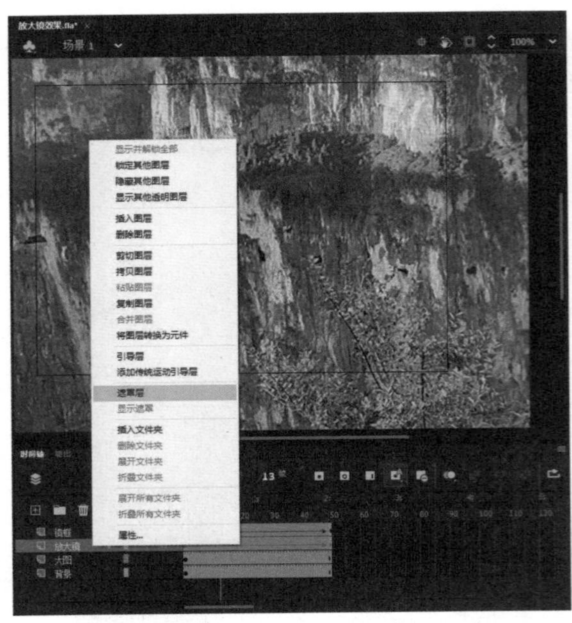

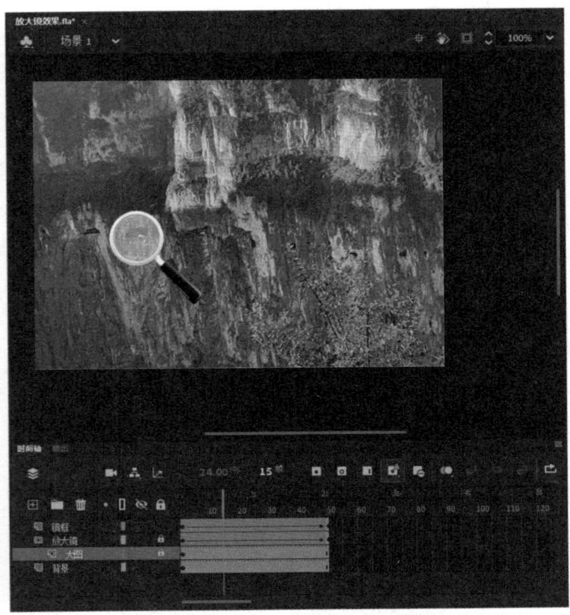

图 5-27　将“放大镜”图层转换为遮罩层

步骤 8　按快捷键“Ctrl+Enter”播放动画，查看效果。

任务经验

如果你对放大镜放大倍数的效果不满意，可以先单击“时间轴”面板中“大图”图层的锁形图标，并在解锁后，调整大图的缩放比例。注意，在调整好缩放比例后，再次单击该图层的锁形图标，将图层锁定，否则你是看不到遮罩效果的！想想看，如果你想改变放大镜移动的位置，又该如何操作呢？

任务 3　综合动画——公益广告

作品展示

本任务将制作一则公益广告，动画效果如图 5-28 所示。

图 5-28　公益广告动画效果

任务分析

本任务是遮罩动画和引导路径动画的综合运用。任务中使用绘图工具绘制飞机和白板部分，让飞机沿指定的路径飞行，并随着飞机的飞行，展开白板，使广告文字分别以从左向右展开的效果出现。

任务实施

步骤 1 选择“文件”菜单→“新建”命令，新建一个 Animate 文档，设置相关参数，如图 5-29 所示。

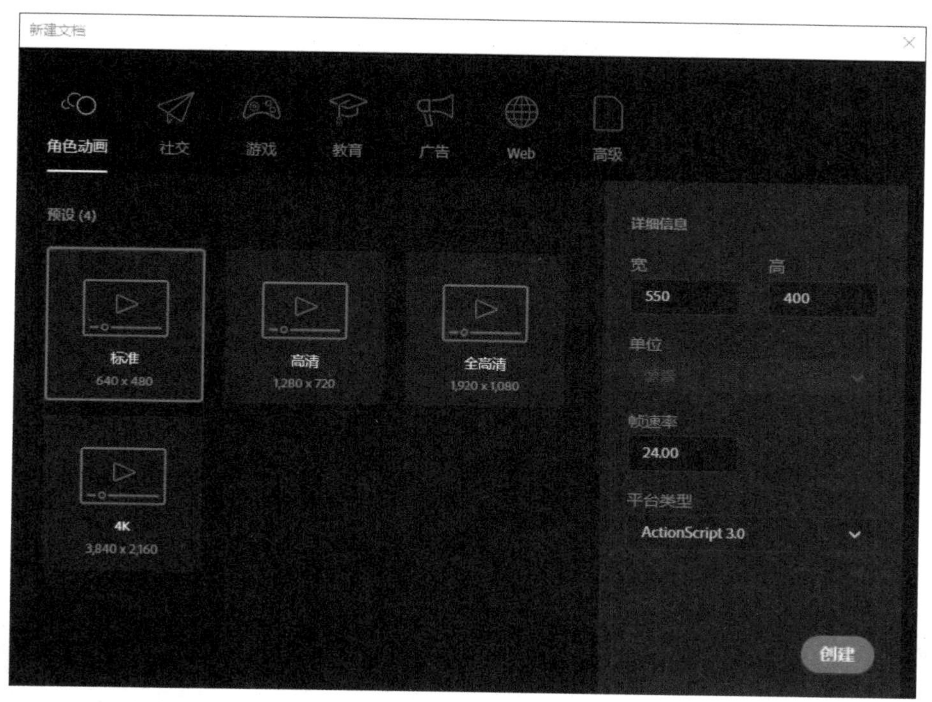

图 5-29 新建文档的参数设置

步骤 2 选择“文件”菜单→“导入”子菜单→“导入到库”命令，将“项目五 引导路径动画和遮罩动画\项目五 素材及源文件\任务 3\背景图片.jpg”导入到库中。

步骤 3 将库中的“背景图片.jpg”文件拖曳到舞台中，将“图层 1”重命名为“背景”，在第 85 帧处插入帧，并将“背景”图层锁定，如图 5-30 所示。

步骤 4 选择“插入”菜单→“新建元件”命令，创建“名称”为“飞机”、“类型”为“图形”的图形元件，如图 5-31 所示，并绘制如图 5-32 所示的飞机图形。

步骤 5 新建“图层 2”，将其重命名为“白板”，并绘制白板图形，设置填充色为白色，透明度为 45%，如图 5-33 所示。

步骤 6 新建“图层 3”，将其重命名为“遮罩层”，在第 0 帧处绘制遮罩层形状，如图 5-34 所示。在第 16 帧处插入关键帧，将绘制的图形形状调整成如图 5-35 所示的形状。在第 1 帧和第 16 帧之间创建补间形状，如图 5-36 所示。

图 5-30　锁定“背景”图层

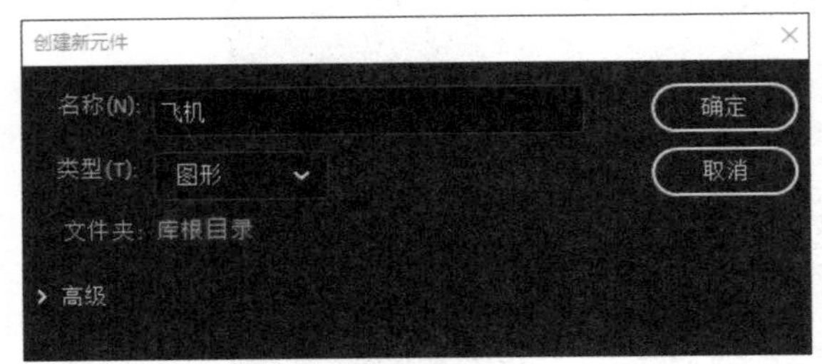

图 5-31　创建“飞机”图形元件

图 5-32　飞机图形

图 5-33　绘制白板图形

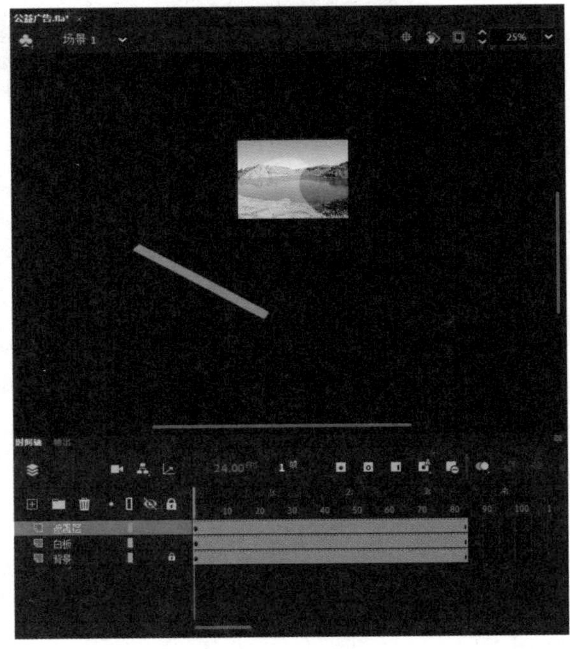

图 5-34　绘制遮罩层形状

图 5-35　调整后的遮罩层形状

图 5-36　创建补间形状

步骤 7　选中“遮罩层”并右击，在快捷菜单中选择“遮罩层”命令，将该图层转换为遮罩层，此时的“时间轴”面板如图 5-37 所示。按“Enter”键，可以看到白板的渐显效果。

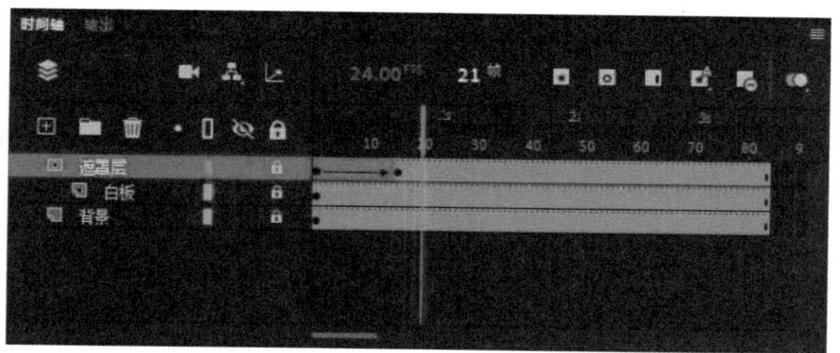

图 5-37　“时间轴”面板

步骤 8　新建“图层 4”，将其重命名为“飞机”，将库中的“飞机”元件拖曳到舞台中，并调整其大小，如图 5-38 所示。

步骤 9　在第 1 帧和第 16 帧之间制作飞机从舞台左下方飞向舞台右上方的动画，如图 5-39 所示。

步骤 10　选择“飞机”图层并右击，在弹出的快捷菜单中选择“添加传统运动引导层”命令，并绘制引导线，在第 0 帧和第 16 帧处将飞机移动到引导线上，如图 5-40 所示。在“属性”面板中根据需要勾选“调整到路径”复选框。

步骤 11　新建“图层 5”，将其重命名为“这次的旅行”，在第 16 帧处插入关键帧，输入文本“这次的旅行”，设置字体为幼圆，文字颜色为#cc0066，如图 5-41 所示。

图 5-38　将“飞机”图形元件拖曳到舞台中

图 5-39　制作飞机飞行的动画

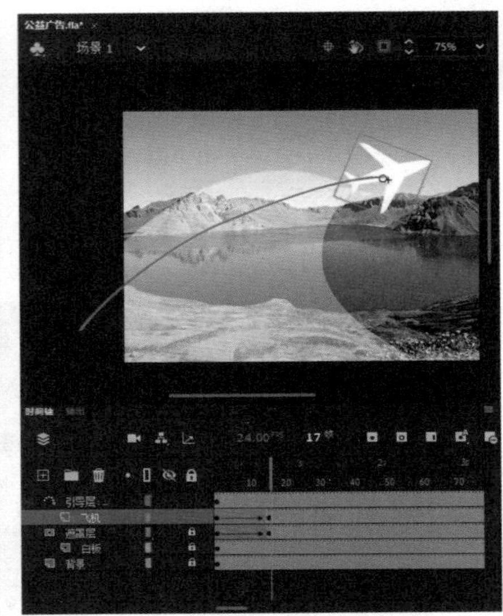

图 5-40　为飞机添加引导线

图 5-41　创建并设置“这次的旅行”图层

步骤 12 制作文字逐个出现的效果。新建“图层 6”，将其重命名为“矩形”，在第 16 帧处插入关键帧，绘制矩形，并制作“矩形”图层第 16～20 帧的从左向右扩展的补间形状动画效果，并将“矩形”图层转换为“这次的旅行”图层的遮罩层，如图 5-42 所示。

图 5-42 制作文字逐个出现的效果

步骤 13 按照步骤 11 和步骤 12 中使用的方法，分别制作其他文字的动态效果，如图 5-43 所示。

步骤 14 在场景中选中“背景”图层之外的所有图层并右击，在弹出的快捷菜单中选择“剪切图层”命令，如图 5-44 所示。

图 5-43 制作其他文字的动态效果

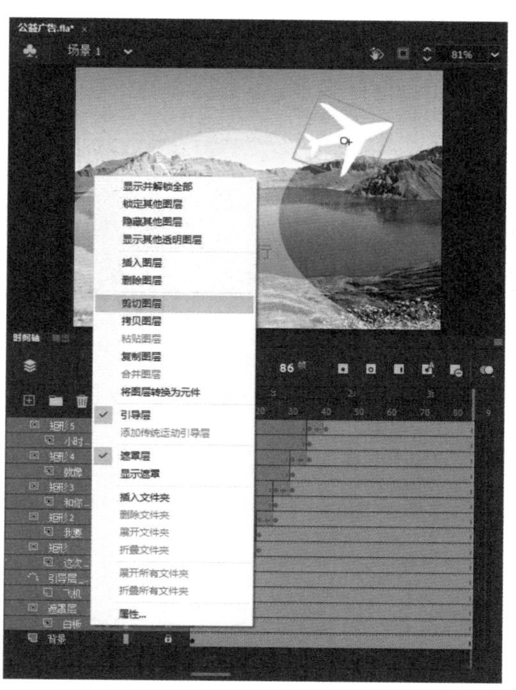

图 5-44 选择“剪切图层”命令

步骤 15 选择“插入”菜单→“新建元件”命令，创建“名称”为“展开动画”、“类型”为“图形”的图形元件，如图 5-45 所示。

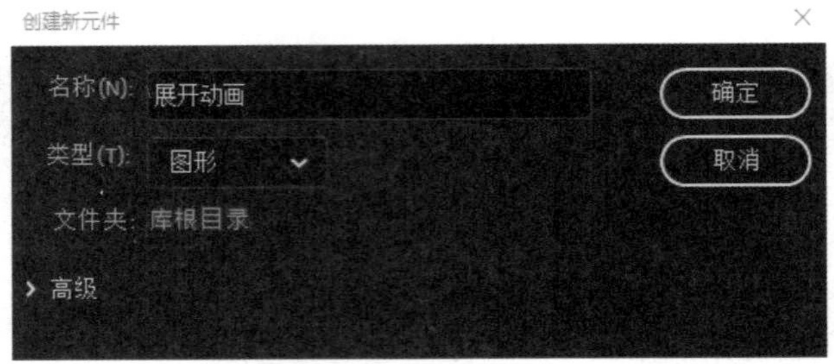

图 5-45 创建图形元件

步骤 16 在“展开动画”图形元件窗口中进行粘贴图层的操作，效果如图 5-46 所示。

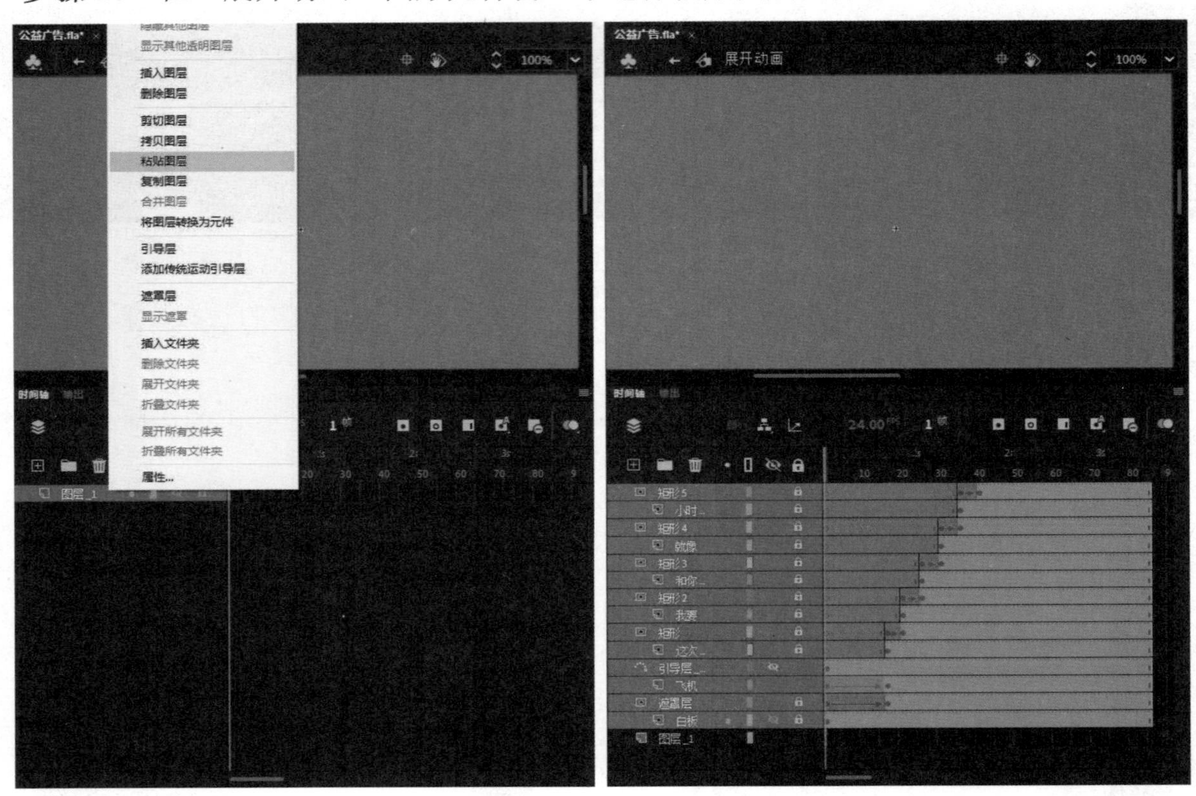

图 5-46 粘贴图层的效果

步骤 17 回到场景中，在“背景”图层上方新建图层，将其命名为“展开动画”，并将“展开动画”图形元件从库中拖曳到场景中，调整其位置，如图 5-47 所示。

步骤 18 制作“展开动画”图形元件的淡出效果。在“展开动画”图层的第 60 帧和第 70 帧处插入关键帧，并创建传统补间，如图 5-48 所示。将时间轴移动到第 70 帧处，在场景中单击“展开动画”图形元件，打开其“属性”窗口，在“色彩效果”样式列表中选择“Alpha”选项，并将 Alpha 值设置为 0，如图 5-49 所示。

图 5-47 将“展开动画”图形元件拖曳到场景中

图 5-48 创建传统补间

图 5-49 设置“展开动画”图形元件的 Alpha 值为 0

步骤 19 制作定版文字。新建图层，将其重命名为“定版文字”，在第 68 帧处插入关键帧，输入文本“孝行天下 • 陪父母去旅行”，并设置其字体为“方正粗黑宋简体”，字号大小为 32pt，字距为 3，颜色为白色，如图 5-50 所示。在第 75 帧处插入关键帧，创建从 69 帧到 75 帧的传统补间，设置第 69 帧的 Alpha 值为 0，制作文字淡入效果，如图 5-51 所示。

图 5-50　设置“定版文字”

图 5-51　制作文字淡入效果

步骤 20 按快捷键“Ctrl+Enter”播放动画，查看效果，如图 5-52 所示。

图 5-52 动画效果

任务经验

在本任务的制作过程中，飞机飞行和白板出现的节奏要合理，可以通过调整遮罩层形状来把握节奏。制作文字的出现效果时运用了遮罩动画的原理，大家可以发散思维，想想运用遮罩动画的原理还可以制作哪些文字的动态效果。注意，飞机沿路径飞行时，首、尾端应对齐。

思考与探索

思考：

1. 引导路径动画的原理是什么？
2. 引导层和被引导层分别可以使用哪些元素？
3. 遮罩动画的原理是什么？
4. 遮罩层和被遮罩层分别可以使用哪些元素？

探索：

1. 根据所给的素材制作引导路径动画“游来游去的小蝌蚪”，效果如图 5-53 所示。

图 5-53 “游来游去的小蝌蚪”动画效果

2．运用遮罩动画的原理制作文字动画效果，如图 5-54 所示。

图 5-54　文字动画效果

项目小结

项目五是 Animate 软件教学中的重点内容之一，通过典型的任务范例讲解了 Animate 引导路径动画和遮罩动画的制作方法及使用技巧。引导层与遮罩层是 Animate 2022 中的重要工具，虽然它们的使用方法很简单，但是其功能非常强大，许多优秀的二维动画作品都离不开它们。希望大家在熟练掌握本项目内容的基础上，灵活运用引导层和遮罩层，创作出更加丰富的动画作品。

技能强化训练

项目导读

一部动画片是否好看，其中角色的表情动画、表现方式及运动规律的影响占了很大的比重。角色内心的各种心理活动，也主要是通过面部表情表现出来的。而面部表情变化最丰富的地方是眼睛、眉毛和嘴巴。相应地，其他部分则会受到这些地方的影响而产生变化。在分析面部表情时，必须把整个面部器官结合起来分析，单纯依靠某一部分的表情不能准确地分析出角色的内心活动。运动规律是动画制作的难点部分，包括的范围非常广，但规律是有迹可循的，只要我们多观察生活，反复练习，就一定能够掌握。

学会什么

① 表情动画的基本知识

② 角色侧面循环走的运动规律

③ 结合 Photoshop 制作动画

项目展示

范例分析

本项目通过 3 个任务进一步介绍如何使用 Animate 2022 制作简单的动画，使学生深入了解动画制作的过程。

任务 1 的作品如图 6-1 所示，该任务制作了微信表情动画，使学生通过制作表情动画掌握角色表情变化规律。

任务 2 的作品如图 6-2 所示，该任务使用设计好的角色制作侧面循环走动画，使学生结合软件工具的运用，掌握角色走路的特点与技巧。

任务 3 的作品如图 6-3 所示，它是结合使用 Animate 与 Photoshop 制作出来的，在 Animate 2022 中运用了传统补间与逐帧动画的形式完成，使学生了解不同软件之间如何通过相互配合制作出不同的动画效果。

图 6-1　微信表情动画

图 6-2　角色侧面循环走动画

图 6-3　小河马动画

学习重点

本项目重点介绍基础的运动规律并使用软件工具制作动画，使学生了解动画制作的方法及技巧。

储备新知识

表情动画

1. 面部表情的表现形式

面部表情的变化是非常复杂和多样的，不同角色在不同感情下，面部表情的变化都是不一样的。通过对大量角色照片进行观察，我们可以发现，角色面部表情的表现形式基本可以归类为 4 种，即悲伤、发怒、开心、惊讶，如图 6-4 所示。

图 6-4　面部表情的表现形式

2. 眼睛和眉毛的动画

（1）肢体动作一般是通过眼神带动的。

（2）眼睛是心灵的窗户。在一部电影中，眼睛是观众最关注的部位，其次是手。我们在试图和屏幕上的角色进行交流时，角色的眼睛会给我们传达其心理活动。所以，确保花费足够的时间来让眼睛和眉毛具备足够的细节是非常重要的。不同种类的眨眼往往蕴含了大量的信息。比如，当你的眼睛从左到右发出一个指引的眼神时，很多时候你的眼皮是半睁半闭的，这时需要通过塑造眼皮的形状来帮助表现这个眼睛的指引动作。

（3）眨眼：无论这个动作多慢或者多快，你都要记住在眨眼动作结束时，在眼皮升到顶端的地方加一个缓冲。如果不这么做，而只是让眼皮一下子停住，看起来就会有一点儿机械。

（4）飞快地移动视线：有时会用 1 帧，大多数时候会用 2 帧来表现，这没有硬性规定。最重要的是，要想一下为什么要这么做。通常建议给转动的眼睛设置一种特别的方式。比如，在做一个特写镜头时，我可能会让角色的眼睛先看左边，再看右边，然后看下边，最后看上边。这是因为，我的角色可能先看对方的左眼，再看右眼，然后看嘴巴，最后正视对方。这与人的思维过程是紧密相关的。

3. 表情动画的不同风格

（1）美式动画的夸张风格如图 6-5 所示。

图 6-5 美式动画的夸张风格

（2）日式动画的无厘头风格如图 6-6 所示。

（3）写实动画的表情如图 6-7 所示。

图 6-6 日式动画的无厘头风格

图 6-7 写实动画的表情

4. 口型动画

（1）动画中的口型基本可以概括为 7 种表现形式，如图 6-8 所示。

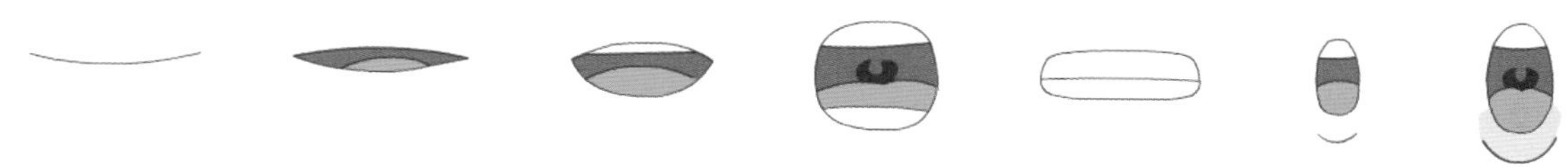

图 6-8 动画中的 7 种基本口型

（2）考虑到头部的骨骼结构，在角色正常张嘴说话时，上嘴唇位置应固定，下巴应根据说话时的发音上下移动。

（3）不同情绪下的 7 种基本口型如图 6-9 所示。

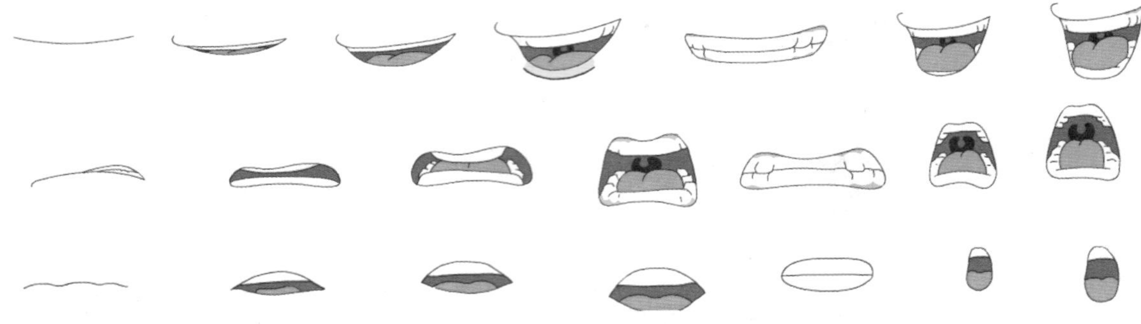

图 6-9　不同情绪下的 7 种基本口型

任务 1　强化训练——微信表情动画

作品展示

小鸭子旋转跳跃了一圈，露出开心的表情，动画效果如图 6-10 所示。

图 6-10　微信表情动画效果

任务分析

在制作微信表情动画时，必须遵循微信表情动画的制作标准。利用现有的“小鸭子转面.fla”文件，在时间轴上创建关键帧后摆放小鸭子旋转跳跃的过程图片，并在小鸭子跳回正面后利用传统补间做出小鸭子开心的动作和表情。需要注意的是，小鸭子在旋转跳跃过程中，中心点的位置及地面的位置不要偏移，否则会出现角色没有在原地跳跃的错觉。另外，角色落地的预备动作和缓冲动作也是需要注意的。

任务实施

1. 了解微信表情制作规范

（1）微信表情必须是设计者原创的，或者设计者拥有版权的。

（2）微信表情应充分考虑微信用户的聊天场景，适合在聊天中使用。

（3）微信表情应生动有趣。

（4）微信表情设计不能违反《微信作品审核标准》（详情请查阅《微信作品审核标准》）。

2. 微信作品制作要求

微信作品的基本制作要求如下。

（1）图片清晰，同一套表情动画中表达的内容应有差异。

（2）若动画中有文字，则文字应清晰，大小适中，没有错别字，并且使用文明用语。

（3）表情及其说明文字适合聊天场景。

3. 制作表情动画流程

步骤 1 选择“文件”菜单→“新建”命令，新建一个动画文档，设置“宽”和“高”均为 240 像素，“帧速率”为 12 帧/秒，其他相关参数设置如图 6-11 所示。

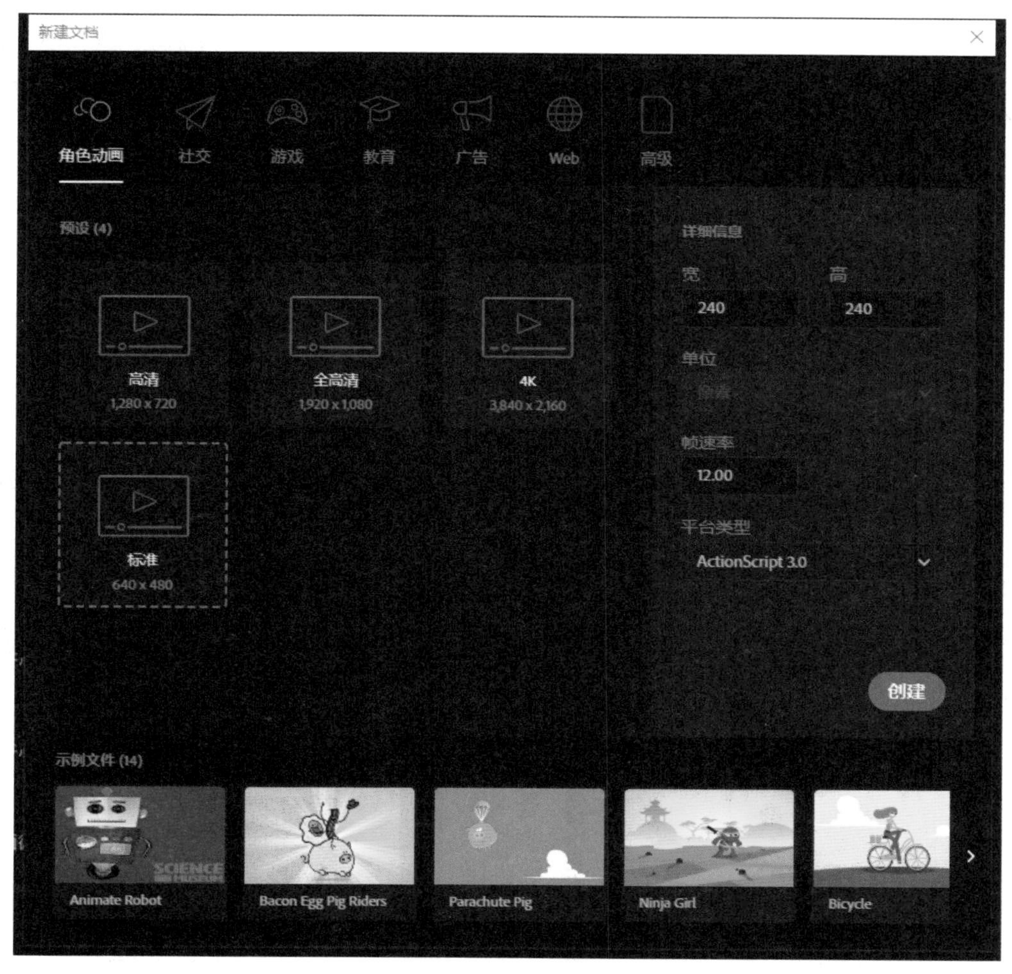

图 6-11 新建文档的参数设置

步骤 2 将“项目六 技能强化训练\项目六 素材及源文件\任务 1\小鸭子转面.fla”文件打开，复制出需要的小鸭子各个面的图片，如图 6-12 所示。

图 6-12　复制出需要的小鸭子各个面的图片

步骤 3　将小鸭子旋转跳跃一圈需要的转面图片逐个导入到关键帧中，并摆好旋转跳跃的动作，从第 1 帧开始播放小鸭子的旋转跳跃动作即可，如图 6-13 所示。

步骤 4　小鸭子旋转一周后，将在第 9 帧处再次回到正面位置，将小鸭子转回正面后的所有正面元件选中，按快捷键“F8”转换为新的图形元件，如图 6-14 所示。接着进入该图形元件内部，做出小鸭子表情的变化，以及落在地面上的预备动作和缓冲动作。

图 6-13　小鸭子的旋转跳跃动作

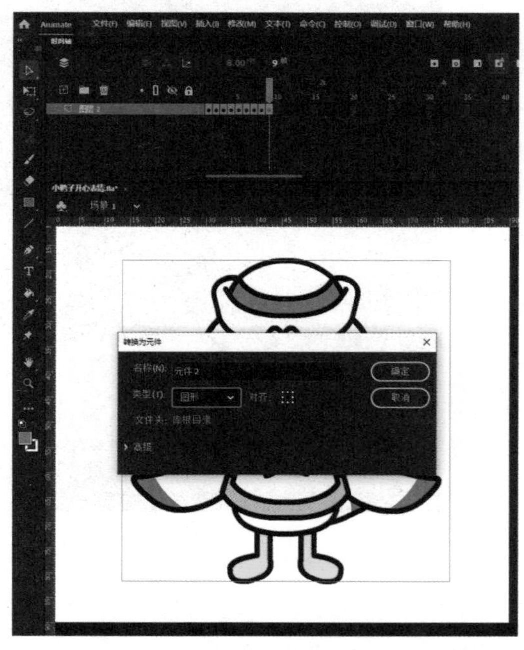

图 6-14　将文件的第 9 帧所有正面元件转换为新的图形元件

步骤 5 进入第 9 帧的图形元件内部，选中内部所有图形元件并右击，在弹出的快捷键菜单中选择“分散到图层”命令，将其分散到各个图层中，如图 6-15 所示。

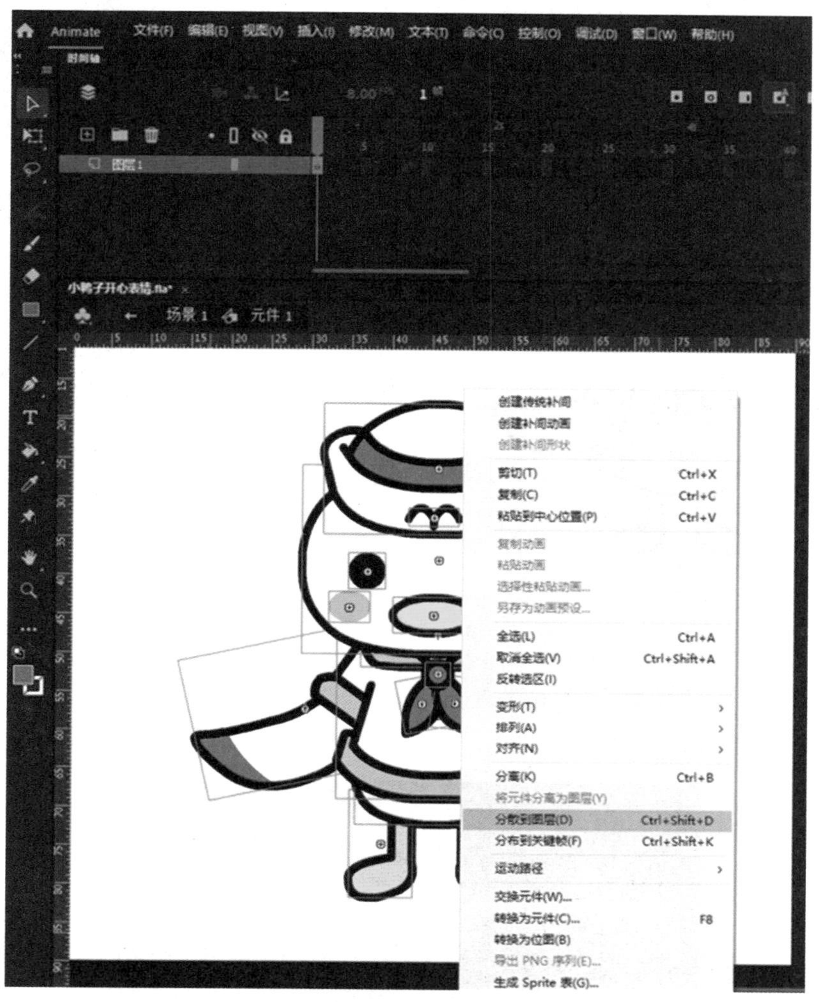

图 6-15 将图形元件分散到各个图层中

步骤 6 分别进入小鸭子眼睛的图形元件中，在第 3 帧处插入关键帧，使用直线工具或铅笔工具将眼睛画为微笑的形状，效果如图 6-16 所示。

图 6-16 微笑的眼睛

步骤 7 回到上一级图形元件的内部，分别在第 3 帧和第 5 帧处插入关键帧，分别加入小鸭子向上的预备动作及向下的缓冲动作，让动画看起来更加生动有趣，如图 6-17 所示。

图 6-17　加入预备动作和缓冲动作

步骤 8　回到场景中，新建两个图层，绘制出心形图案，将其转换为图形元件，制作其从出现到消失的动画，如图 6-18 所示。

图 6-18　制作心形图案从出现到消失的动画

步骤 9　按快捷键“Ctrl+Enter”播放动画，查看效果，按快捷键“Ctrl+S”保存文件，命名为“小鸭子开心表情”。

任务经验

本任务实现了微信表情动画的制作，注意如何利用图形元件并在其内部制作动画，以及如何巧妙地运用预备动作和缓冲动作，让动画看起来更加生动有趣。

任务 2 强化训练——角色侧面循环走动画

作品展示

角色侧面循环走动画效果如图 6-19 所示。

图 6-19 角色侧面循环走动画效果

任务分析

关于走路的样子，动画设计大师们有过形象的概括，他们认为步行是这样的一个过程：当你要向前跌倒时，自己刚好及时控制住没有跌倒。也就是说，我们在向前移动的时候，会尽量避免跌倒。如果我们的脚不落地，脸就会撞到地面上。因此，走路意味着我们在经历一个防止跌倒的循环过程。我们知道，走路是动画片中最常出现的动作，是学习动画制作必须掌握的知识点，而制作生动的角色侧面循环走动画是有规律可循的，这里给大家总结出制作该动画需要的 5 个关键帧，就是作品展示中的 5 个画面，以供参考。

任务实施

步骤 1 打开“项目六 技能强化训练\项目六 素材及源文件\任务 2\角色形象.fla”文件，角色形象如图 6-20 所示。选择“文件”菜单→“新建”命令，新建一个文档，设置“宽”和“高”分别为 760 像素和 572 像素，“帧速率”为 24 帧/秒，如图 6-21 所示。

步骤 2 将角色复制到舞台中心，全选其图形元件，按快捷键“F8”，将其整合为一个新的图形元件，并进入此图形元件内部，将所有图形元件分散到各个图层中，制作动画，效果如图 6-22 所示。之所以要将场景中的角色元件整合为一个新的图形元件，并进入此图形元件内部制作动画，是因为这样的制作过程会更加便捷，方便管理和修改。

图 6-20　角色形象

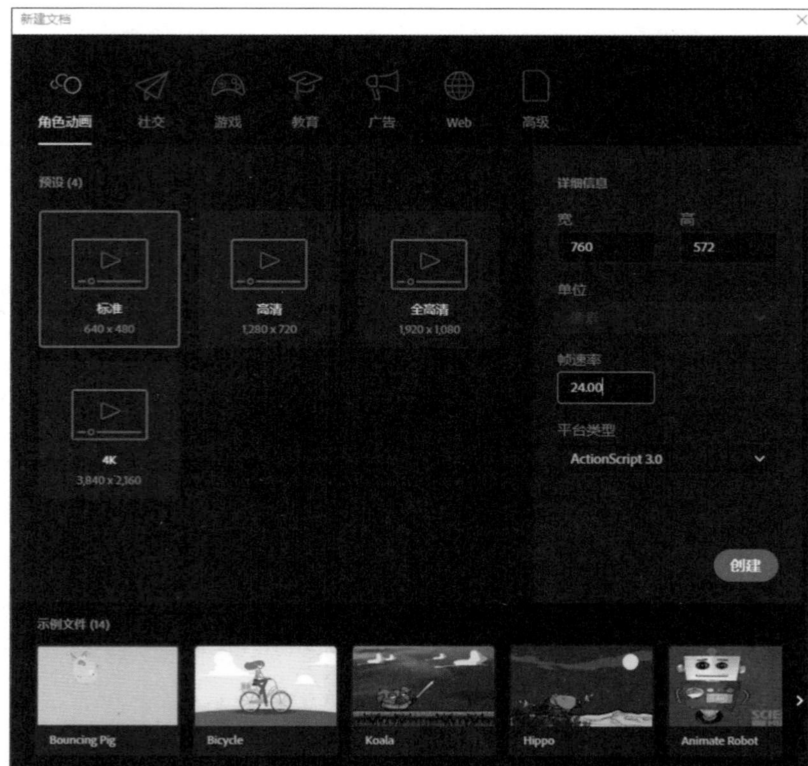

图 6-21　新建文档的参数设置

图 6-22　整合为新的图形元件并进入其内部制作动画

步骤 3　在制作动画之前，要先将部分图形元件的中心点调整到方便旋转的位置，效果如图 6-23 所示。

步骤 4　按快捷键“Ctrl+Alt+Shift+R”，调出标尺，在标尺的横向、竖向位置分别拖曳出辅助线作为地平线和中心线，方便辅助制作动画，如图 6-24 所示。

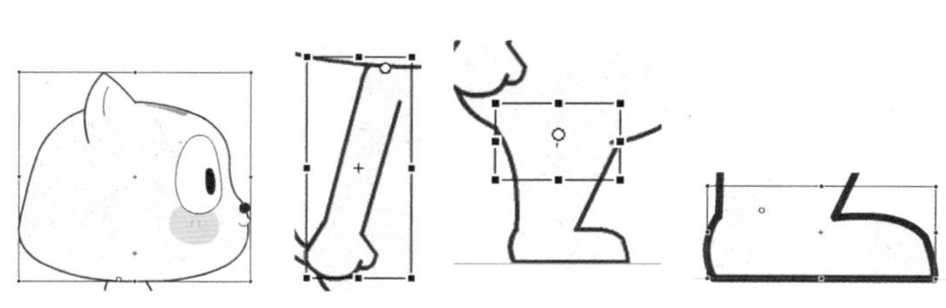

图 6-23　将部分图形元件的中心点调整到方便旋转的位置

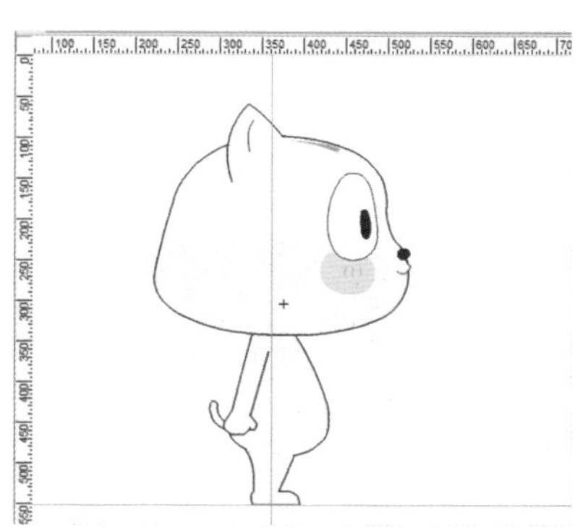

图 6-24　地平线和中心线

步骤 5　角色侧面循环走，顾名思义是角色正在走路，因此我们将第 1 帧动作摆成角色正在走路的原画关键动作，如图 6-25 所示。

图 6-25　角色正在走路的原画关键动作

步骤 6　在制作角色走路的动画时，一般是每 25 帧走两步构成角色循环走的画面，如第 1 帧是角色走路的第 1 步，即在“时间轴”面板中第 13 帧处插入关键帧，摆出角色走路第 2 帧的原画关键帧，之后在第 1 帧和第 13 帧之间添加补间动画，如图 6-26 所示。

步骤 7　在“时间轴”面板中第 7 帧处插入关键帧，并摆出第 3 个原画关键动作，如图 6-27 所示，也就是第 1 步到第 2 步的中间原画关键动作。需要注意的是，角色在两脚同时落地时，其身体会比角色只有一条腿站立在地面上时矮。因为第 7 帧的关键帧中角色只有一条腿站立在地面上，所以我们要将其身体的上身、脖子、头部分别向上提高几个像素，来模拟真实的角色走路场景，让动画看起来更生动。还需要注意的是，角色在做迈出下一步的动作之前的预备动作时，将一条腿作为支撑腿，另一条腿做出预备动作，准备迈出去。记住，前面的腿在下一个预备迈出去的关键动作之前永远作为支撑腿在地面上站立，如图 6-28 所示。

图 6-26　在第 1 帧和第 13 帧之间添加补间动画

图 6-27　第 3 个原画关键动作

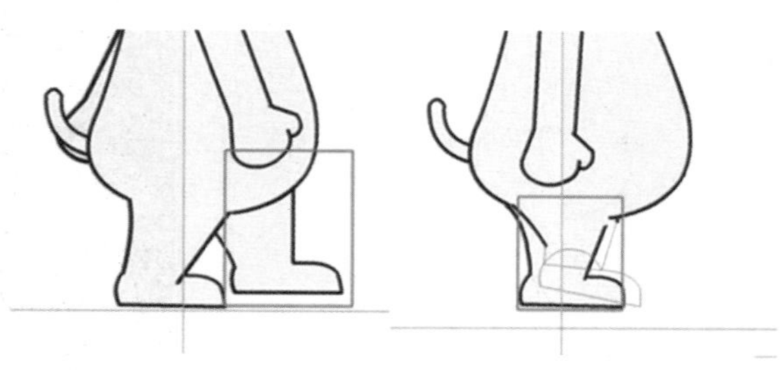

图 6-28　支撑腿

步骤 8　在第 19 帧处插入关键帧，摆出下一个预备迈出去的关键动作（第 4 个原画关键动作），需要注意的问题同步骤 7，如图 6-29 所示。

步骤 9　在第 25 帧处插入关键帧，摆出角色侧面循环走的第 5 个原画关键动作，如图 6-30 所示。

步骤 10　回到场景 1 中，在“时间轴”面板中第 25 帧处插入普通帧，按快捷键“F5”，即可播放完整的动画。

步骤 11　按快捷键“Ctrl+Enter”播放动画，查看效果，按快捷键“Ctrl+S”保存文件，命名为“角色侧面循环走”。

图 6-29　第 4 个原画关键动作

图 6-30　第 5 个原画关键动作

任务经验

本任务使学生了解角色侧面循环走的动画，以及如何使用 Animate 2022 实现角色侧面循环走的动画，同时在动画制作过程中体会角色走路的运动规律。

任务 3　强化训练——小河马动画

作品展示

小河马开心地享受着树林中的好空气，突然发现一个黑影从空中快速飞过，动画效果如图 6-31 所示。

图 6-31　小河马动画效果

任务分析

针对不同的景别同时进行推镜头拍摄时，注意空间不同，运动速度也不同，越近的物体运动速度越快，越远的物体运动速度越慢，同时注意层级关系应分配妥当，这需要在动画制作过程中仔细体会。

任务实施

步骤 1 选择“文件”菜单→“新建”命令，新建一个 Animate 文档，设置“宽”和“高”分别为 760 像素和 572 像素，“帧速率”为 24 帧/秒，其他相关参数设置如图 6-32 所示。

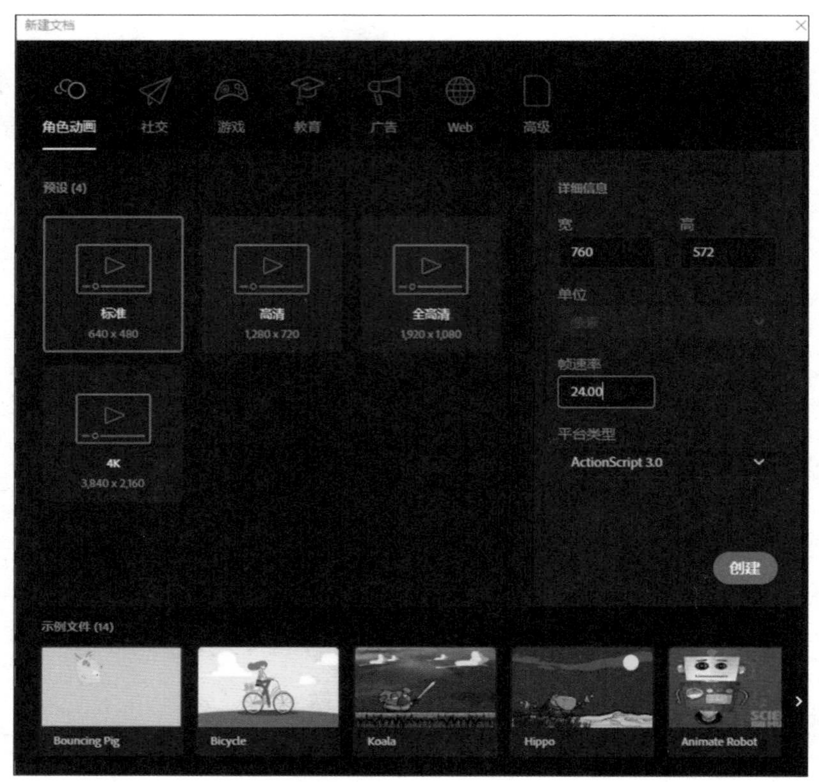

图 6-32　新建文档的参数设置

步骤 2 打开“项目六 技能强化训练\项目六 素材及源文件\任务 3\角色形象.fla”和“项目六 技能强化训练\项目六 素材及源文件\任务 3\Photoshop 素材\背景 1.fla”文件，分别将角色形象和背景复制到步骤 1 新建的文档中，并将层级关系分配好，如图 6-33 和图 6-34 所示。

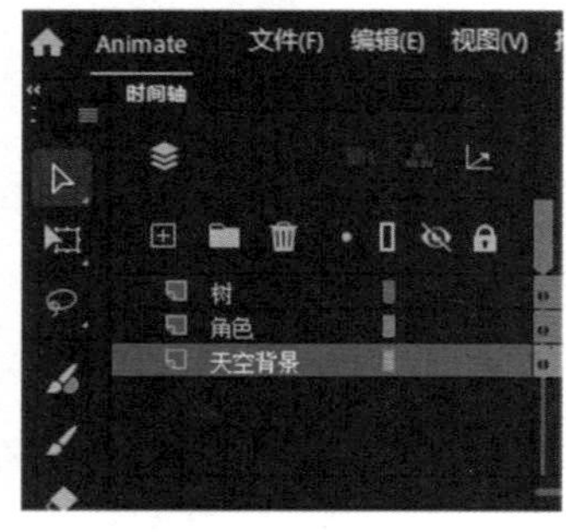

图 6-33　层级关系分配

图 6-34　层级关系分配好后的效果

步骤 3 回到场景中，在 3 个图层的第 76 帧处插入关键帧，按快捷键“F6”，并在中间创建传统补间，制作出推镜头的动画效果，注意景别位置不同，运动速度不同，效果如图 6-35 和图 6-36 所示。

图 6-35　第 1 帧的景别效果

图 6-36　第 76 帧推镜头的景别效果

步骤 4　在第 97 帧的“角色”图层中插入关键帧，按快捷键“F6”选择此帧，之后按快捷键“Ctrl+B”将其打散，此时的“时间轴”面板如图 6-37 所示。选中小河马图形元件，新建图层并重命名为“角色看天空”，在此图层的第 97 帧处将小河马图形元件剪切并粘贴到关键帧中，如图 6-38 所示。再次进入此图形元件内部，将所有元件分散到各个图层中，制作小河马看天空的动画，如图 6-39 所示。

步骤 5　回到上一级元件中，在当前所有图层的第 100 帧处都插入关键帧，如图 6-40 所示，并将所有第 100 帧中的元件通过快捷键“Ctrl+X”剪切。新建一个文档，所有参数采用默认设置，如图 6-41 所示。之后，将所有剪切的元件通过快捷键“Ctrl+V”粘贴到此新建文档的图层中，并将所有场景的背景排列成长方形的形状，如图 6-42 所示。

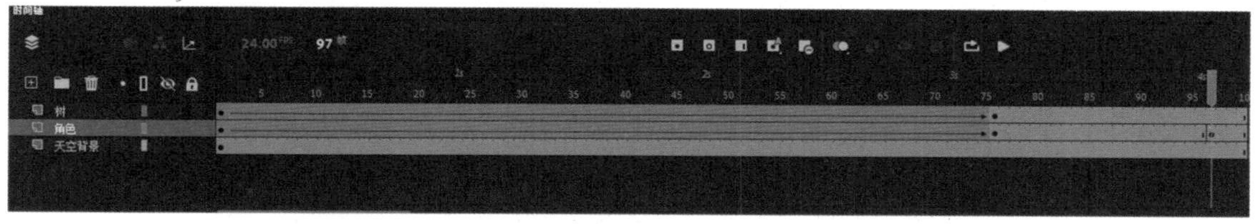

图 6-37　“时间轴”面板

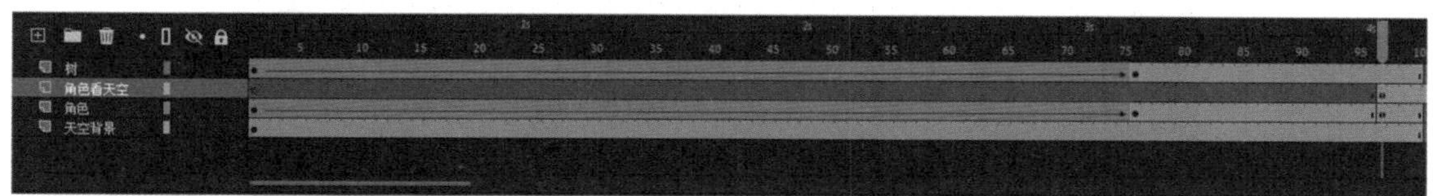

图 6-38　在 97 帧处将小河马图形元件复制到当前位置

图 6-39　小河马看天空的动画

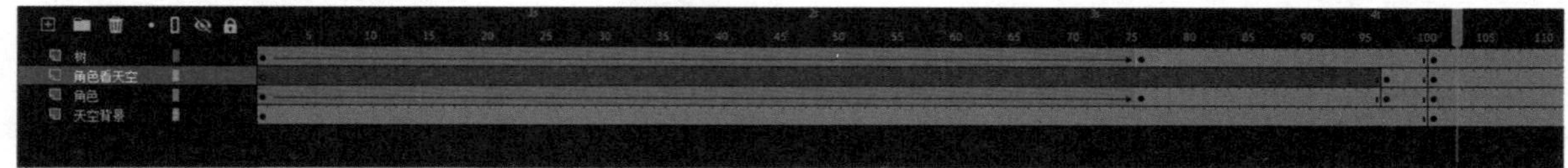

图 6-40　插入关键帧

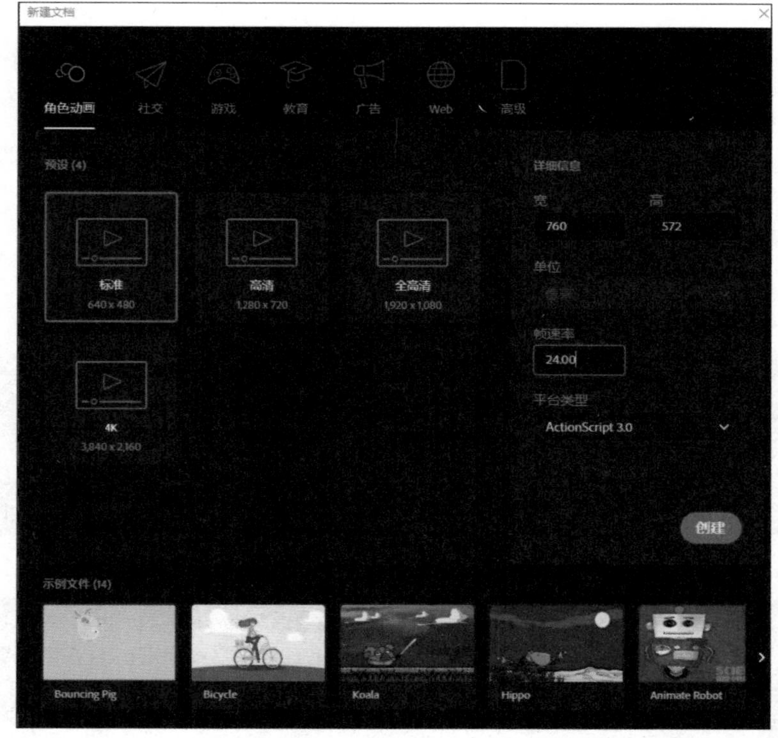

图 6-41　使用默认参数新建文档

图 6-42 将所有场景的背景排列成长方形的形状

步骤 6 选择“文件”菜单→“导出”子菜单→“导出图像”命令，如图 6-43 所示。在弹出的对话框中保存文件，设置“文件名”为“场景飞速效果.jpg”、“保存类型”为“JPEG Image”，如图 6-44 所示。单击“保存”按钮，弹出“导出 JPEG”对话框，将“品质”数值修改为 100，设置“包含”为“最小图像区域”，单击“确定”按钮，如图 6-45 所示。按快捷键“Ctrl+S”保存文件，命名为“小河马动画”。

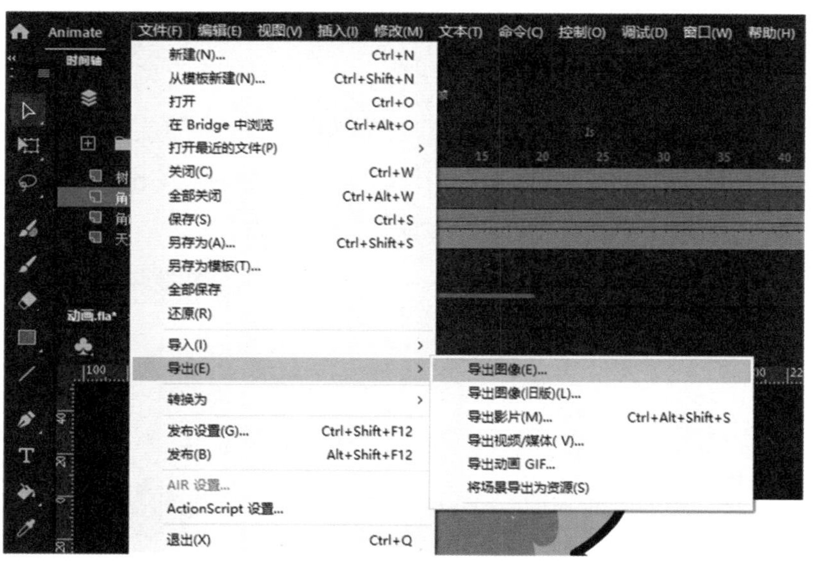

图 6-43 选择“导出图像”命令

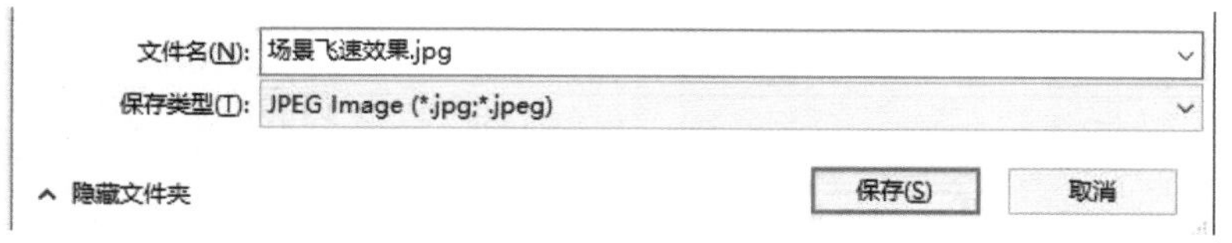

图 6-44 保存文件

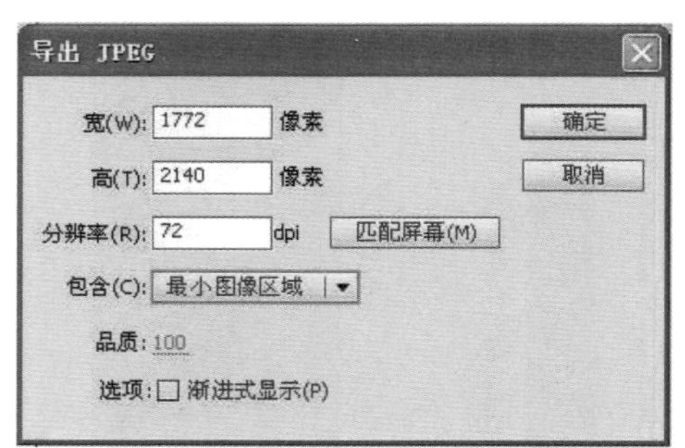

图 6-45 设置图片参数

步骤 7 打开 Photoshop，新建“名称”为“场景飞速效果”、“宽度”为“800 像素”、“高度”为“1600 像素”、“分辨率”为“100 像素/英寸”的文档，如图 6-46 所示。

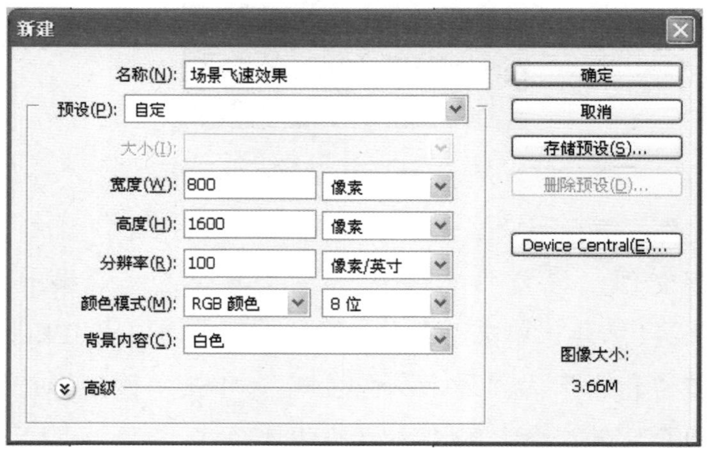

图 6-46 新建文档的参数设置

步骤 8 进入 Photoshop 新建文档界面，将步骤 6 导出的“场景飞速效果.jpg”文件直接拖曳到新建的文档中。选择图层中的背景并双击，弹出“新建图层”对话框，单击“确定”按钮，如图 6-47 所示。使用选择工具选择此图层后，按快捷键“Ctrl+T”调整图片的大小及位置，调整好后按“Enter”键确定，如图 6-48 所示。

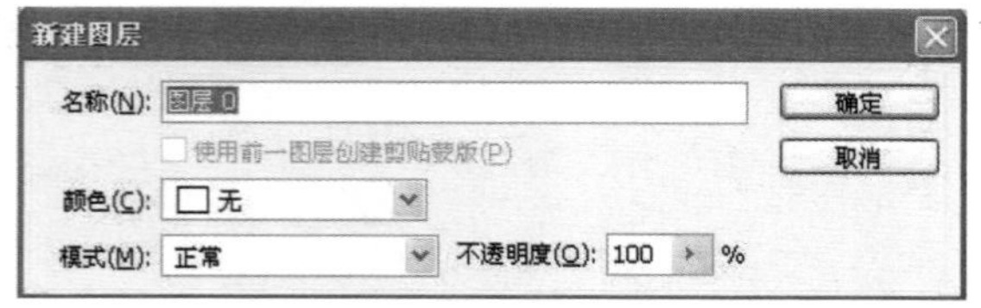

图 6-47 “新建图层”对话框

图 6-48 调整图片的大小及位置

步骤 9 选择“滤镜”菜单→“模糊”子菜单→“动感模糊”命令，如图 6-49 所示。在弹出的“动感模糊”对话框中设置“角度”为-90 度、“距离”为 230 像素，如图 6-50 所示，出现纵向的动态模糊效果，如图 6-51 所示。设置好后选择“文件”菜单→“存储为”命令，在弹出的“存储为”对话框中将文件命名为“场景飞速效果 1-完成”，设置文件格式为“JPEG”，如图 6-52 所示。单击“保存”按钮，弹出“JPEG 选项”对话框，使用默认参数值并单击“确定”按钮即可，如图 6-53 所示。

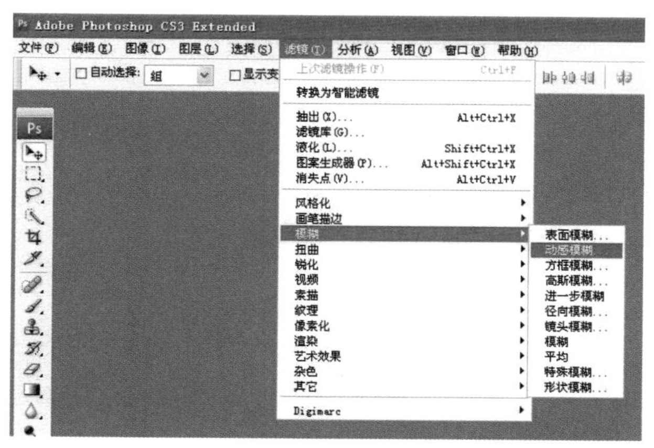

图 6-49 选择“动态模糊”命令

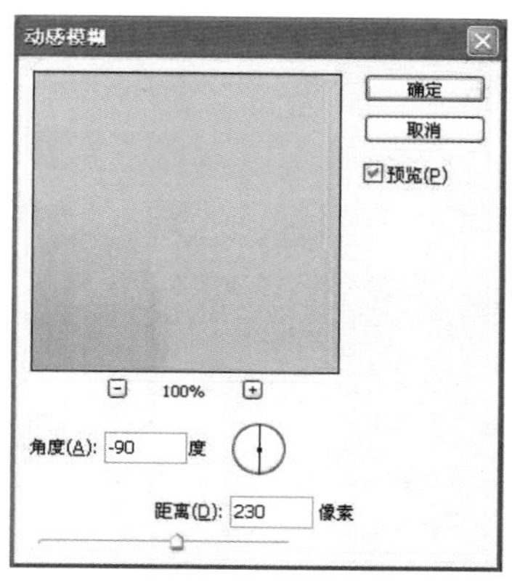

图 6-50 设置动态模糊参数

图 6-51 纵向的动态模糊效果

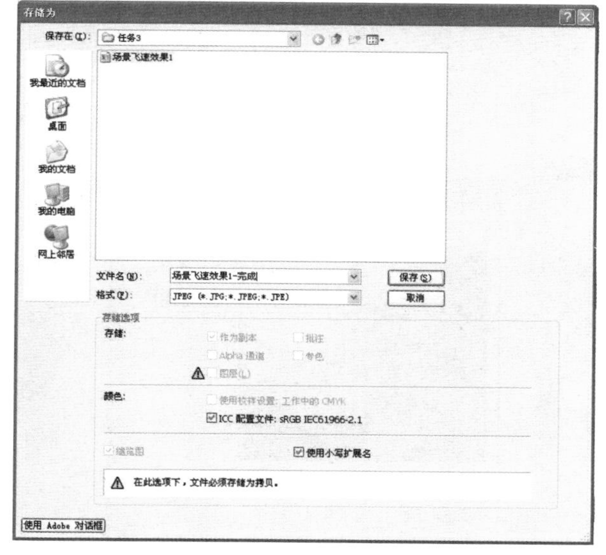

图 6-52 “存储为”对话框

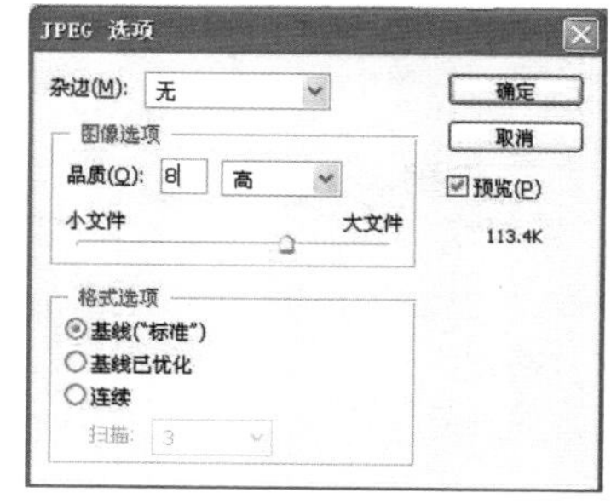

图 6-53 “JPEG 选项”对话框

步骤 10 打开“项目六 技能强化训练\项目六 素材及源文件\任务 3\Photoshop 素材\背景 2.fla”文件。在 Photoshop 中新建文档，使用默认参数值，将背景 2 中的树丛复制到新建文件的舞台上，将树叶粘贴在场景中。之后选择“文件”菜单→“导出”子菜单→“导出图像”命令，在弹出的对话框中设置“文件名”为“树丛模糊效果”、“保存类型”为“PNG”，并单击“保存”按钮。弹出“导出 PNG”对话框，设置“包含”为“最小图像区域”，并单击“导出”按钮，如图 6-54 所示。打开 Photoshop，将使用 Animate 导出的“树丛模糊效果”

文件直接拖曳到 Photoshop 的文档中，如图 6-55 所示。将图片用选择工具拖曳到新建的文档中后，按快捷键“Ctrl+T”可以调整图片的大小及位置，调整好后按“Enter”键确定。选择“滤镜”菜单→“模糊”子菜单→“高斯模糊”命令，如图 6-56 所示。弹出“高斯模糊”对话框，设置“半径”为 4.0 像素，如图 6-57 所示，将出现模糊的效果。设置好后选择“文件”菜单→“存储为”命令，在弹出的“存储为”对话框中将文件命名为“树丛模糊效果-完成”，设置文件格式为“PNG”，单击“保存”按钮后会弹出“PNG 选项”对话框，使用默认参数值并单击“确定”按钮即可。树丛的最终模糊效果如图 6-58 所示。

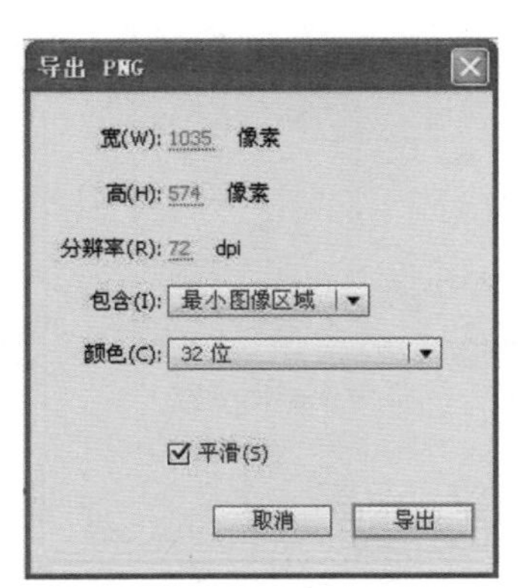

图 6-54 “导出 PNG”对话框

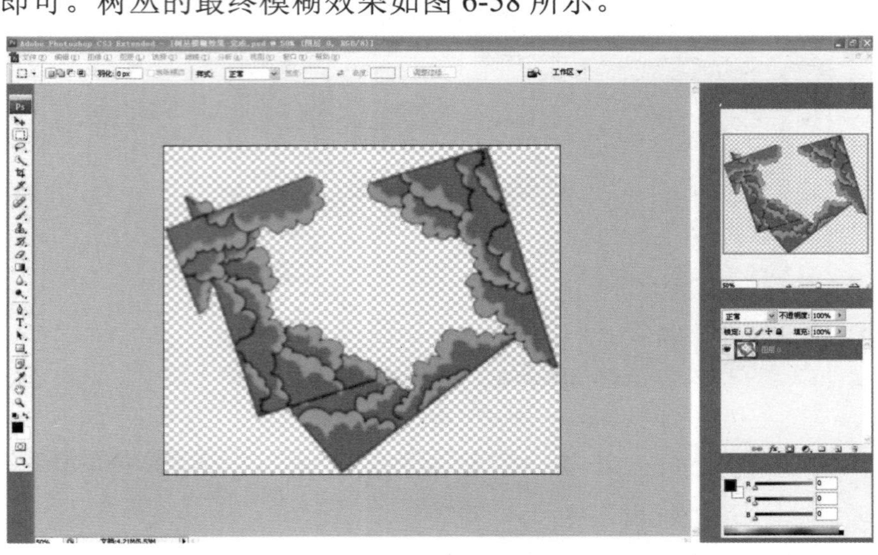

图 6-55 打开“树丛模糊效果”文件

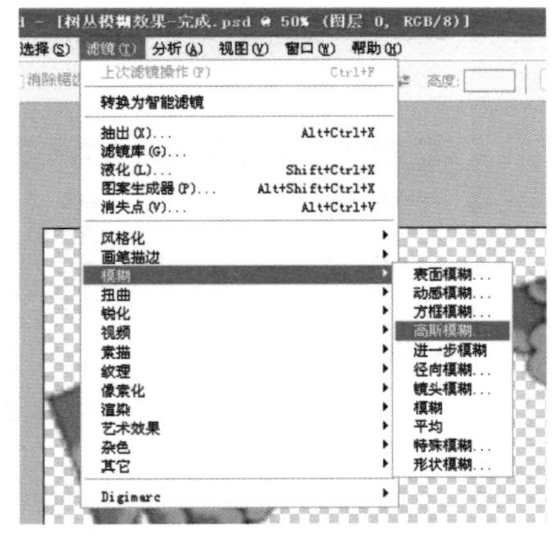

图 6-56 选择“高斯模糊”命令

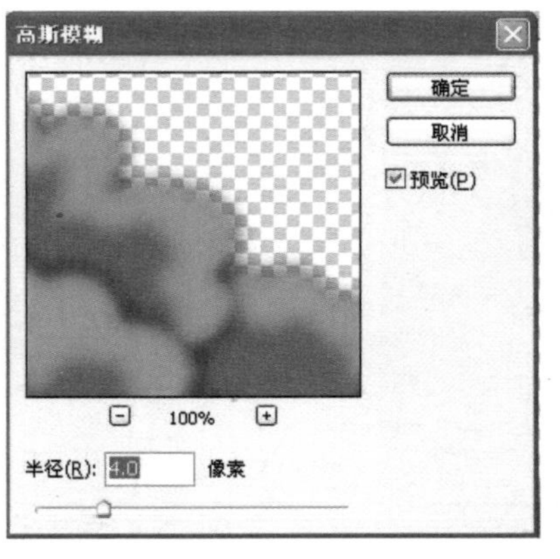

图 6-57 设置模糊参数

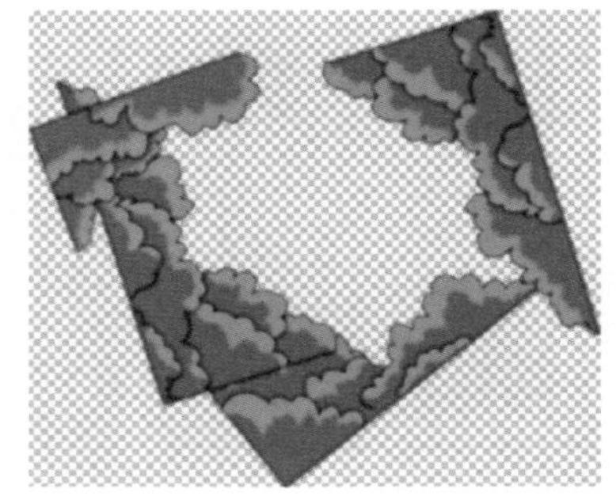

图 6-58 树丛的最终模糊效果

步骤 11 打开步骤 6 保存的“小河马动画”文件，因为在步骤 5 中，将第 100 帧上的所有元件剪切了，所以第 100 帧目前是空白关键帧，如图 6-59 所示。

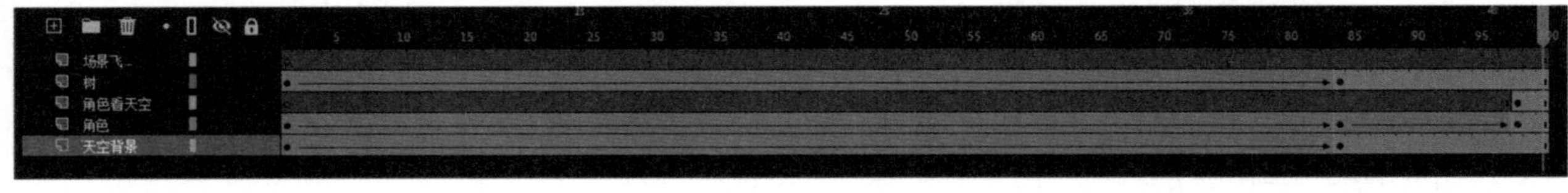

图 6-59 时间轴中的第 100 帧

步骤 12 在时间轴上新建图层，命名为“场景飞速效果”，在第 101 帧处插入关键帧，在第 100 帧处将“项目六 技能强化训练\项目六 素材及源文件\任务 3\Photoshop 素材\场景飞速效果 1-完成”文件选中并直接拖曳到舞台中，在第 107 帧处插入关键帧，制作出从下到上摇镜头的效果，如图 6-60 所示。

图 6-60 从下到上摇镜头的效果

步骤 13 在时间轴上新建图层，在第 108 帧处插入关键帧，将“项目六 技能强化训练\项目六 素材及源文件\任务 3\Photoshop 素材\背景 2”文件复制到第 108 帧中，并将复制进来的元件整合为新的图形元件，如图 6-61 所示。进入新的图形元件内部，在时间轴上将地面图层命名为“地面”。再次新建图层，打开“项目六 技能强化训练\项目六 素材及源文件\任务 3\角色设定”文件，将角色复制到此图层中，将此图层命名为“角色抬头看”，并将图形元件的大小、位置及仰望的身体透视关系摆放好。接下来，在时间轴上继续新建图层，并将其命名为“树丛”。将“项目六 技能强化训练\项目六 素材及源文件\任务 3\Photoshop 素材\树丛模糊效果-完成”文件拖曳到“树丛”图层中。在时间轴上继续新建图层，并将其命名为“黑影”。时间轴上的图层位置及名称如图 6-62 所示，图层的最终效果如图 6-63 所示。

步骤 14 在“树丛”图层的第 5 帧和第 8 帧处分别插入关键帧，制作出树丛因为有风，所以左右晃动的动作。在“黑影”图层的第 10 帧处插入空白关键帧，在第 11 帧处绘制出黑影飞过的运动轨迹，如图 6-64 所示。

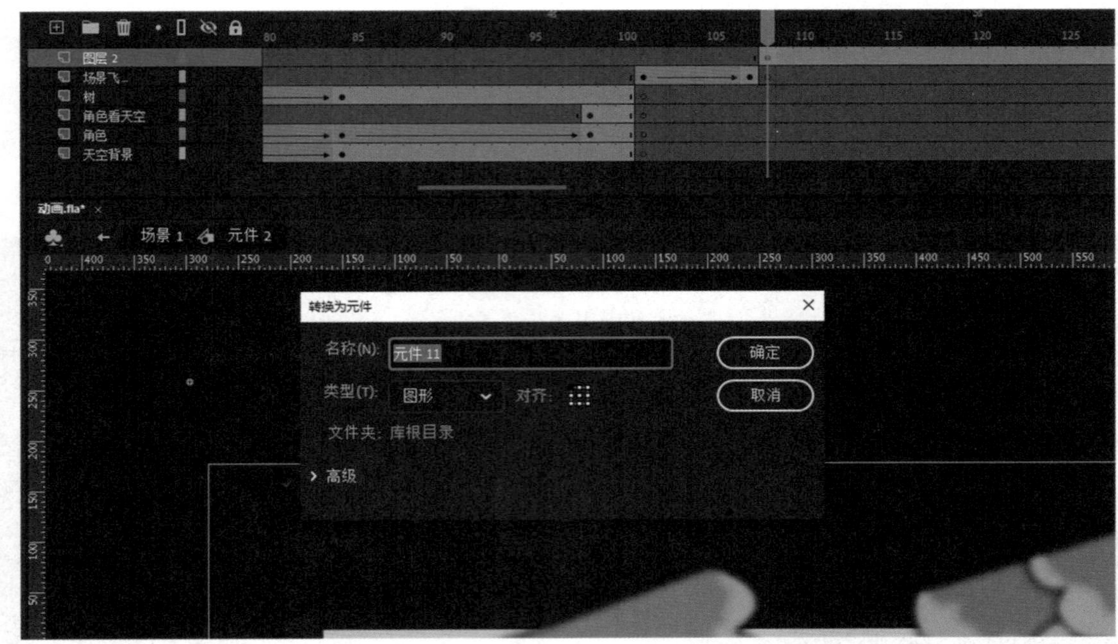

图 6-61　将复制进来的元件整合为新的图形元件

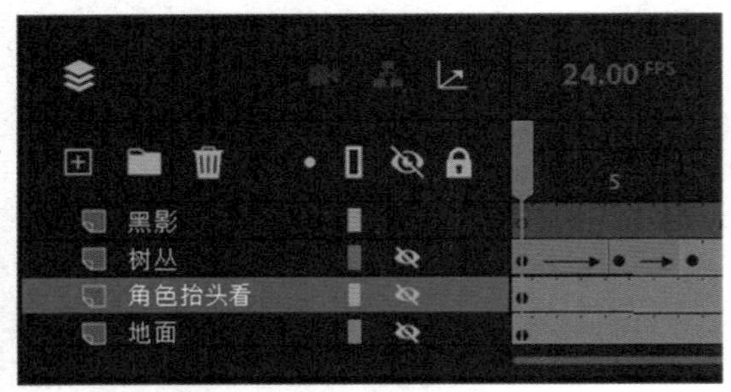

图 6-62　时间轴上的图层位置及名称

图 6-63　图层的最终效果

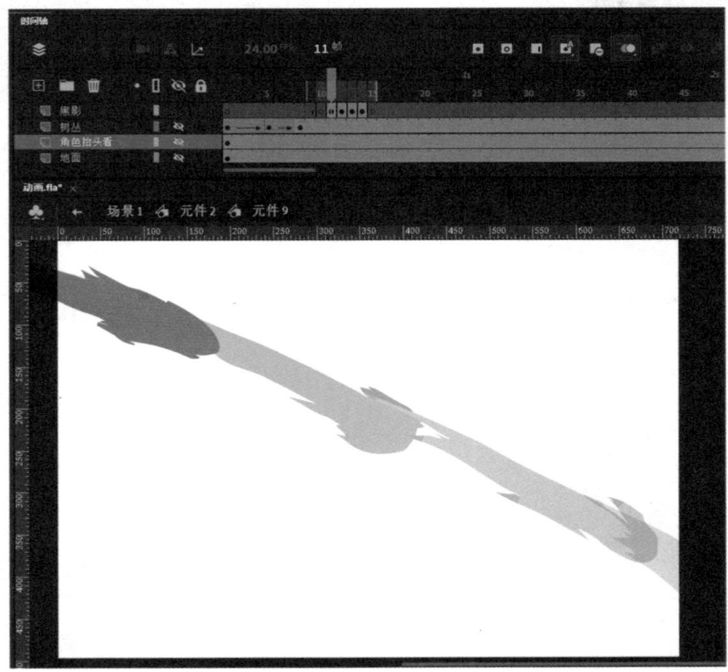

图 6-64　绘制黑影飞过的运动轨迹

步骤 15 回到场景 1 中，按“Enter”键查看整个动画效果，如果发现动画在节奏上衔接不好，则可以通过在时间轴上增加或减少普通帧来调整播放的快慢（按快捷键“F5”或“Shift+F5”），让动画达到更好的效果。

按快捷键“Ctrl+Enter”在播放器中播放动画来查看效果，按快捷键“Ctrl+S”保存文件。

任务经验

本任务使用 Animate 2022 制作出基本动画效果后，结合不同软件加以制作，从而让动画效果更加生动有趣，使学生了解到在动画制作过程中，可以综合应用不同软件达到预期的动画效果。

思考与探索

思考：

1. 为什么微信表情动画的尺寸比较小？为什么将“帧速率”设定为 12 帧/秒？

2. 任务 2 制作了“角色侧面循环走”的动画，如何制作“角色侧面向前移动走”的动画呢？

3. 场景近虚远实的纵深感可以通过其他方法来实现吗？

探索：

1. 根据“项目六 技能强化训练\项目六 素材及源文件\探索\1”中所给的角色设定，尝试制作“小猫咪开心吃鱼”的动画，效果如图 6-65 所示。

2. 根据“项目六 技能强化训练\项目六 素材及源文件\探索\2”中所给的角色设定，尝试制作“角色大摇大摆地走路”的动画，效果如图 6-66 所示。

图 6-65 “小猫咪开心吃鱼”动画效果

图 6-66 “角色大摇大摆地走路”动画效果

项目小结

项目六是基于前面内容的综合强化训练，学生通过耐心地学习和制作，可以了解动画的制作流程，并对动画运动规律有深入的了解。虽然制作动画的步骤较为复杂，但是通过仔细研究，我们就会发现其中有规律可循，动画的学习精髓来源于生活，日常生活中的景物、事物、人物是我们最好的参考与学习对象。

动画中的音频和视频

项目七

项目导读

通过为动画添加音频和视频，我们能够为动画增加背景音乐、动作音效及实景录像视频元素。恰到好处的音频和视频能够赋予动画生命力。熟练掌握对音频和视频素材的运用将对提升动画制作能力有很大的帮助。

学会什么

① 认识不同类型的音频和视频

② 利用音频素材制作动画背景音乐和按钮音效

③ 利用视频素材制作视频动画

项目展示

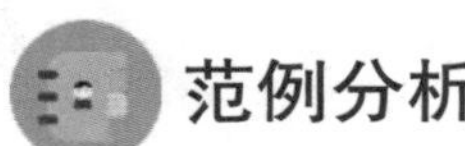

范例分析

本项目共有 3 个任务，分别实现了动画背景音乐的添加、按钮音效的添加，以及视频动画的添加。

任务 1 的作品如图 7-1 所示，该任务通过在动画中添加背景音乐，使学生了解音频的不同类型和设置方法，并熟练掌握背景音乐的添加步骤和参数设置。

任务 2 的作品如图 7-2 所示，该任务通过为按钮添加音效，使学生了解音效在按钮的不同状态中所起到的作用，并熟练掌握按钮音效的添加方法。

任务 3 的作品如图 7-3 所示，该任务利用真实的视频，结合动画中绘制的内容，制作出真实的视频与绘制内容相结合的动画效果，使学生熟练掌握视频素材在动画中的编辑和制作过程。

图 7-1　动画背景音乐

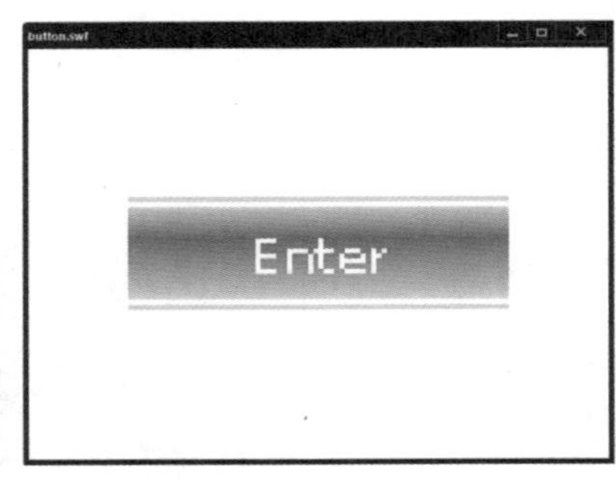

图 7-2　按钮音效

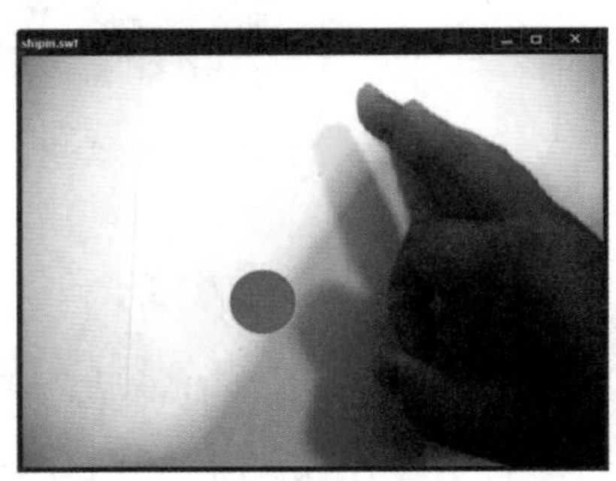

图 7-3　视频动画

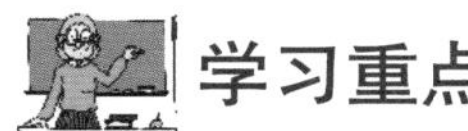

学习重点

本项目的重点是二维动画中音频和视频的相关知识，通过在动画中添加背景音乐、为按钮添加音效、在动画中添加视频，使学生掌握二维动画中音频和视频的使用技巧。

储备新知识

二维动画中的音频

音频是二维动画的重要组成元素之一，它可以提升动画的表现能力。在二维动画中，可以使用多种方法在影片中添加音频，从而创建出有声影片。

在二维动画中添加音频时，首先需要决定音频的格式。一般二维动画中使用的音频格式是 MP3 和 WAV。二维动画中的音频分为事件和数据流两种形式。

二维动画中的音频导入方式有两种。

方法一：使用“文件”菜单→“导入”子菜单→“导入到库”命令，可以将音频导入到库中。

方法二：使用“文件”菜单→“导入”子菜单→“导入到舞台”命令，可以将音频导入到文档中。

打开“导入到库”对话框，选择需要导入的音频文件，单击“打开”按钮，即可导入音频文件，如图 7-4 所示。

要在文档中添加音频，只需要从“库”面板中拖曳音频文件到舞台中，即可将其导入到当前文档中，如图 7-5 所示。选择“窗口”菜单→“时间轴”命令，打开“时间轴”面板，在该面板中显示了该音频的波形，如图 7-6 所示。

图 7-4 “导入到库”对话框

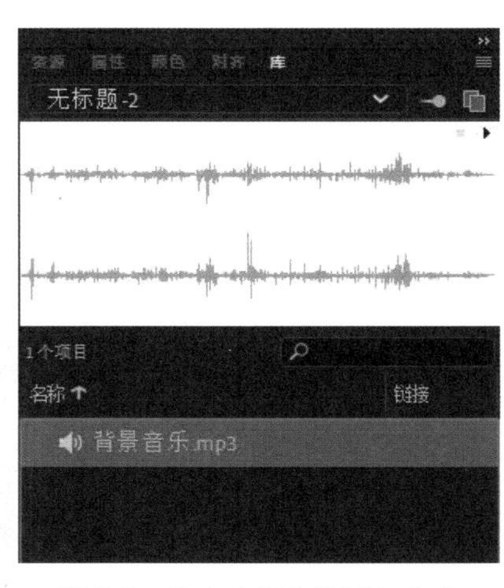

图 7-5 拖曳音频文件到舞台中

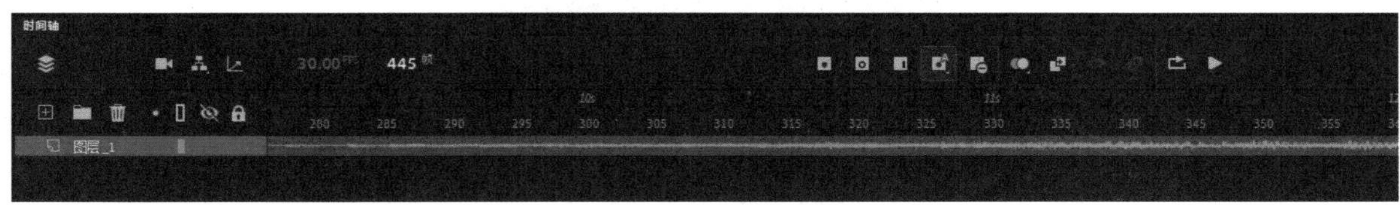

图 7-6 “时间轴”面板中该音频的波形

 二维动画中的视频

在二维动画中，可以将视频导入到二维动画文档中。根据视频格式和所选导入方法的不同，可以将含有视频的影片发布为二维动画影片（SWF 文件）或 QuickTime 影片（MOV 文件）。在导入视频时，可以将其设置为嵌入文件或链接文件。

二维动画支持的视频格式有 FLV、MP4 等。

在将导入的视频设置为嵌入文件时，它将成为影片的一部分，如同导入位图或矢量图文件一样。用户可以将含有嵌入视频的影片发布为二维动画影片。

选择“文件”菜单→“导入”子菜单→“导入视频”命令，弹出“导入视频”对话框（见图 7-7），将视频导入到文档中，并设置视频嵌入方式，如图 7-8 所示。

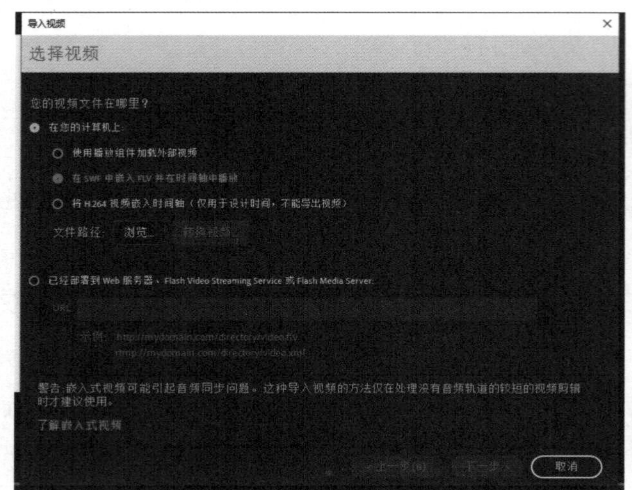

图 7-7 “导入视频”对话框

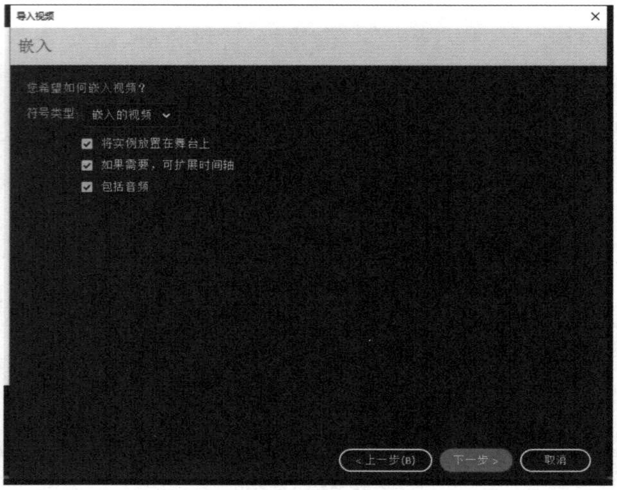

图 7-8 设置视频嵌入方式

在二维动画文档中选择嵌入的视频后，可以进行编辑操作并设置其属性，如图 7-9 所示。

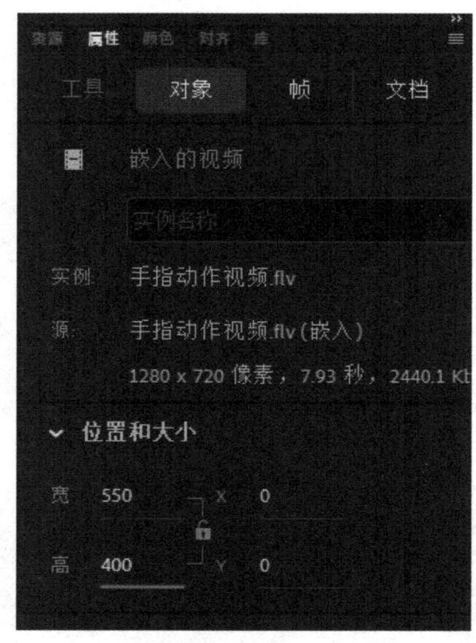

图 7-9 设置视频属性

任务 1 添加动画背景音乐

作品展示

在一个二维动画中添加背景音乐，效果如图 7-10 所示。

图 7-10 动画背景音乐效果

任务分析

在项目七任务 1 中已有的素材文件中，添加新的音乐图层，先将背景音乐导入到库中，再将背景音乐添加到动画的时间轴上。

任务实施

步骤 1 选择“文件”菜单→“打开”命令，弹出“打开”对话框，打开“项目七 动画中的音频和视频\项目七 素材及源文件\任务 1\pic.fla”文件，如图 7-11 和图 7-12 所示。

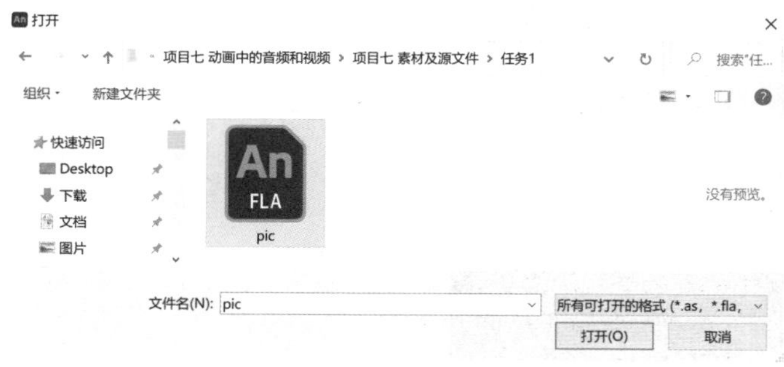

图 7-11 “打开”对话框

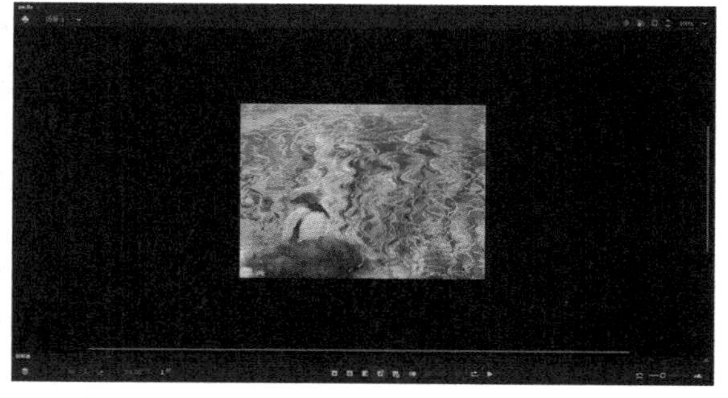

图 7-12 打开“pic.fla”文件后的效果

步骤 2 新建一个图层，将其命名为“背景音乐”，如图 7-13 所示。

图 7-13 “背景音乐”图层

步骤 3 选择“文件”菜单→“导入”子菜单→“导入到库”命令，弹出“导入到库”对话框，将背景音乐导入到库中，如图 7-14 和图 7-15 所示。

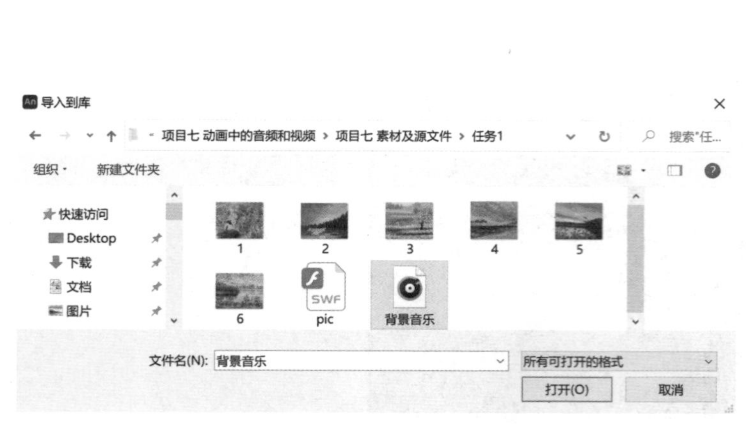

图 7-14 “导入到库”对话框

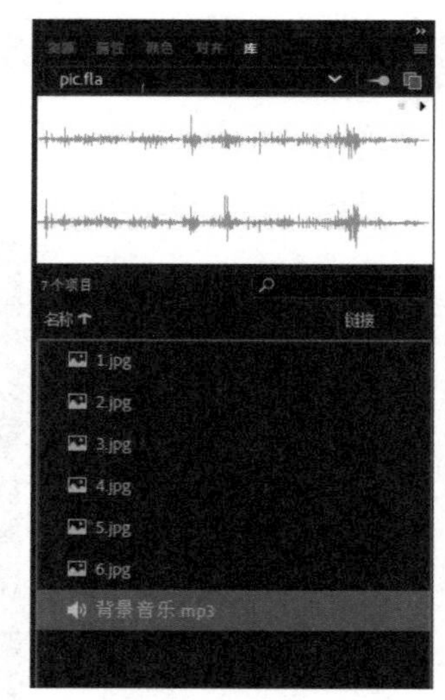

图 7-15 将背景音乐导入到库中的效果

步骤 4 将时间线置于第 1 帧处，并将背景音乐从库中拖曳到舞台中，背景音乐在时间轴上的波形如图 7-16 所示。

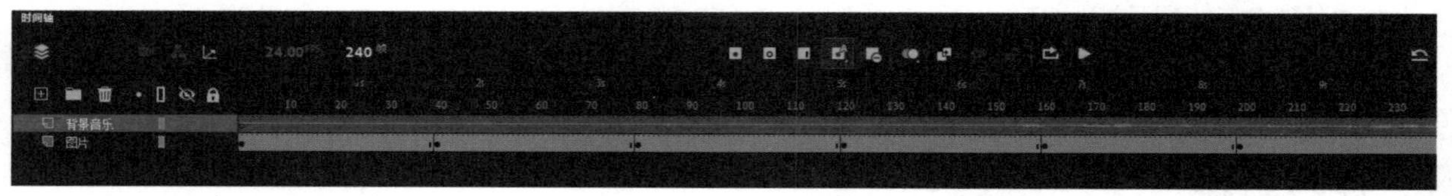

图 7-16 背景音乐在时间轴上的波形

步骤 5 按快捷键“Ctrl+Enter”播放动画，查看效果。在看到动画播放的同时，可以听到背景音乐播放的声音，效果如图 7-17 所示。

图 7-17 动画和背景音乐播放效果

 任务经验

本任务实现了动画背景音乐的添加，且添加的动画背景音乐可以在动画播放的同时播放。

任务 2 添加按钮音效

作品展示

为按钮添加音效，效果如图 7-18 所示。

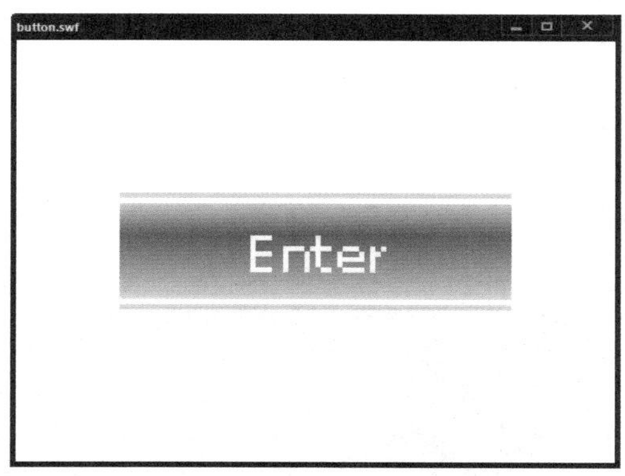

图 7-18 按钮音效效果

任务分析

打开素材中准备好的按钮文件，进入按钮元件内部，添加新的音效图层，先将音效导入到库中，再将音效添加到按钮的时间轴上。

任务实施

步骤 1 选择“文件”菜单→“打开”命令，弹出“打开”对话框，打开“项目七 动画中的音频和视频\项目七 素材及源文件\任务 2\button.fla”文件，如图 7-19 和图 7-20 所示。

步骤 2 双击按钮元件，进入按钮元件内部，在“时间轴”面板中，新建一个图层，将其命名为“按钮音效”，如图 7-21 所示。

步骤 3 选择“文件”菜单→“导入”子菜单→“导入到库”命令，弹出“导入到库”对话框，将按钮音效导入到库中，如图 7-22 和图 7-23 所示。

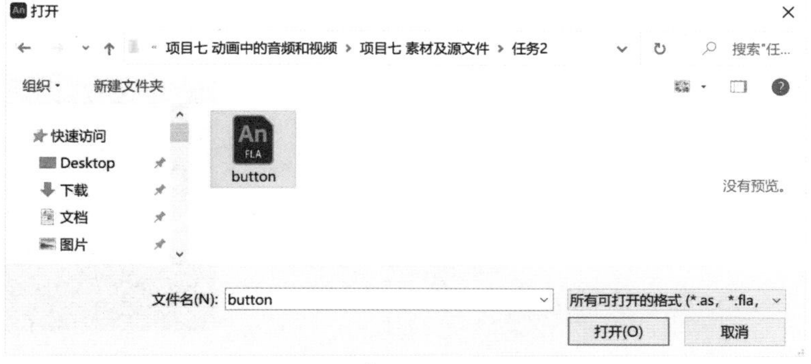

图 7-19 “打开”对话框

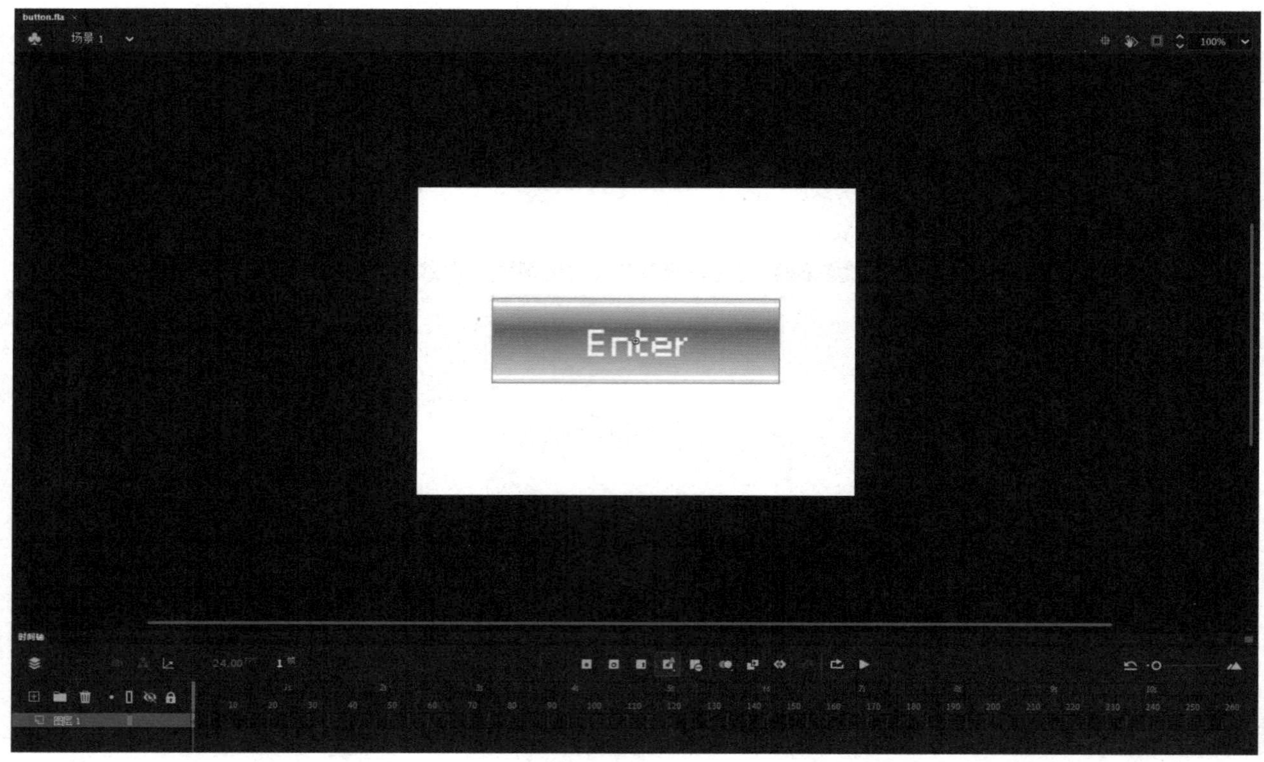

图 7-20　打开“button.fla”文件后的效果

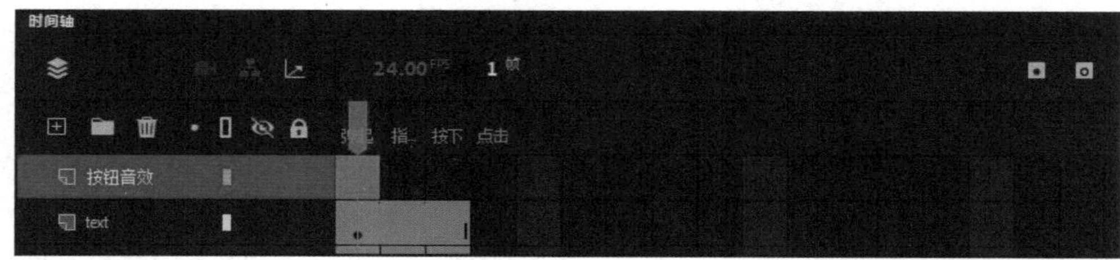

图 7-21　“按钮音效”图层

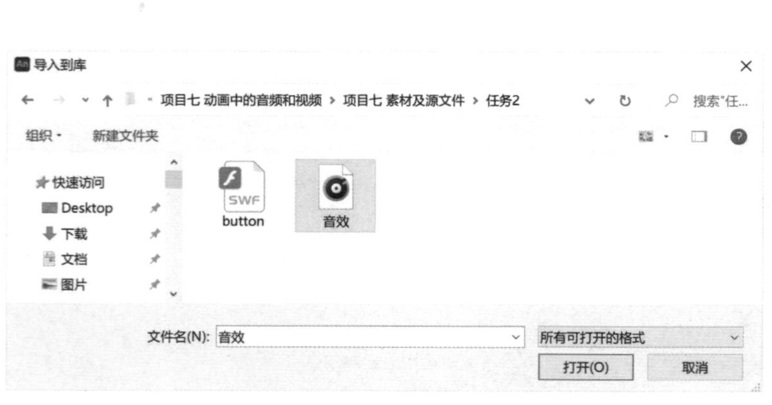

图 7-22　“导入到库”对话框

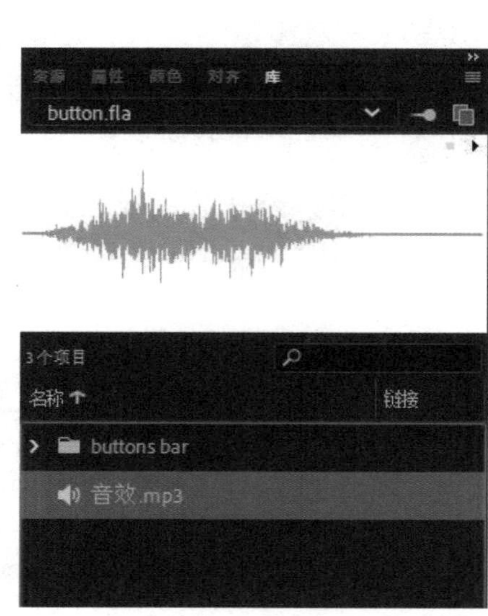

图 7-23　将按钮音效导入到库中的效果

步骤 4 将时间线置于第 2 帧“指针经过”的位置，按快捷键“F6”加入关键帧，将按钮音效从库中拖曳到舞台中，按钮音效在时间轴上显示的波形如图 7-24 所示。

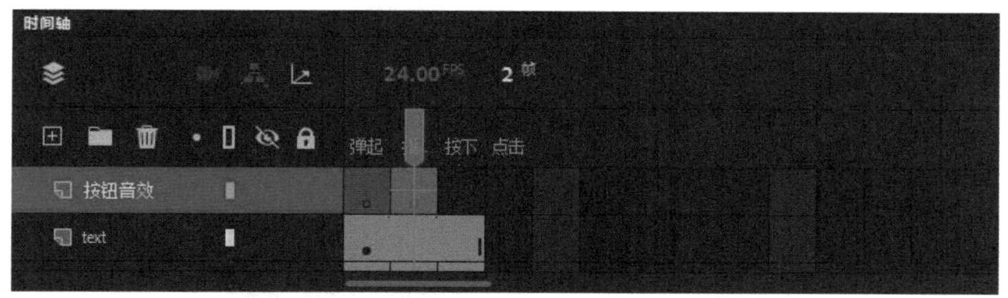

图 7-24 按钮音效在时间轴上显示的波形

步骤 5 在“属性”面板中设置“同步”为“事件”，如图 7-25 所示。按快捷键“Ctrl+Enter”播放动画，查看效果，当鼠标经过按钮的同时，听到按钮音效播放的声音，效果如图 7-26 所示。

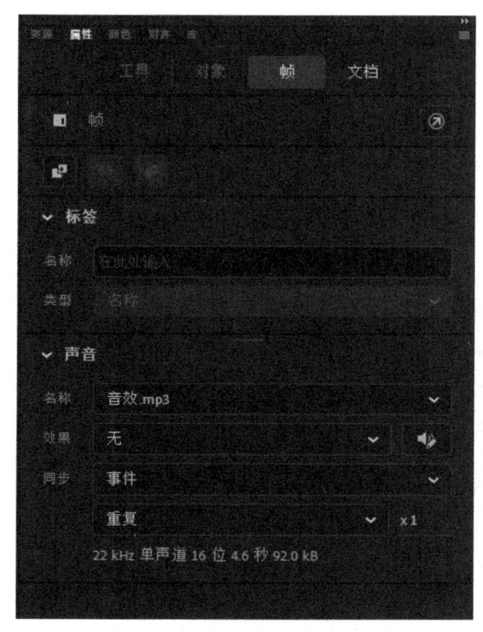

图 7-25 设置“同步”属性

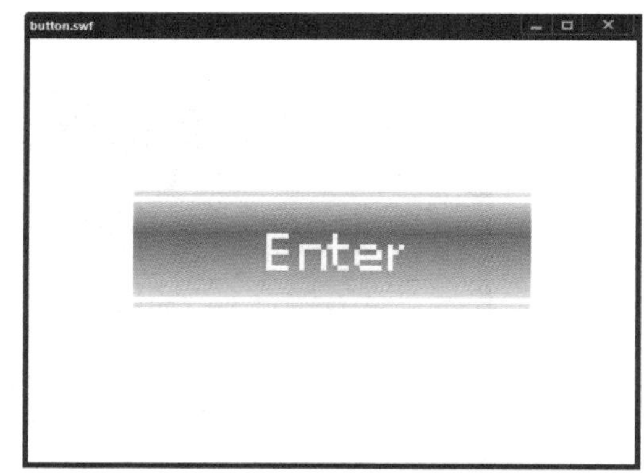

图 7-26 按钮音效播放效果

任务经验

本任务实现了按钮音效的添加，且添加的按钮音效可以在鼠标经过按钮的同时播放。注意，音频的同步方式有很多种，可以根据不同情况进行选择。

任务 3 添加视频动画

作品展示

在动画中添加视频，效果如图 7-27 所示。

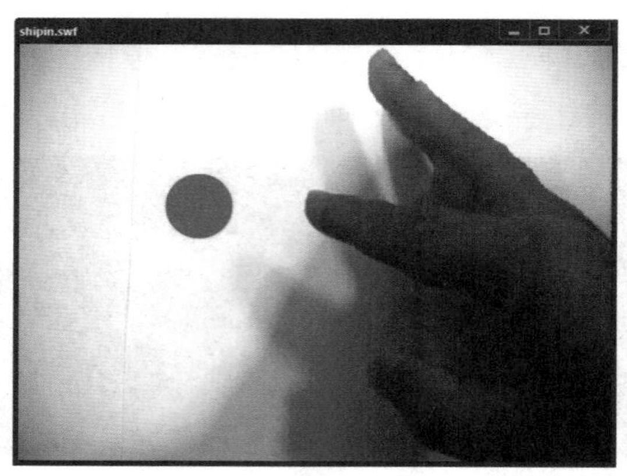

图 7-27　视频动画效果

任务分析

新建文档，导入视频，根据视频内容制作动画。

任务实施

步骤 1　选择“文件”菜单→“新建”命令，新建一个动画文档，设置相关参数，并命名为“shipin.fla”，如图 7-28 和图 7-29 所示。

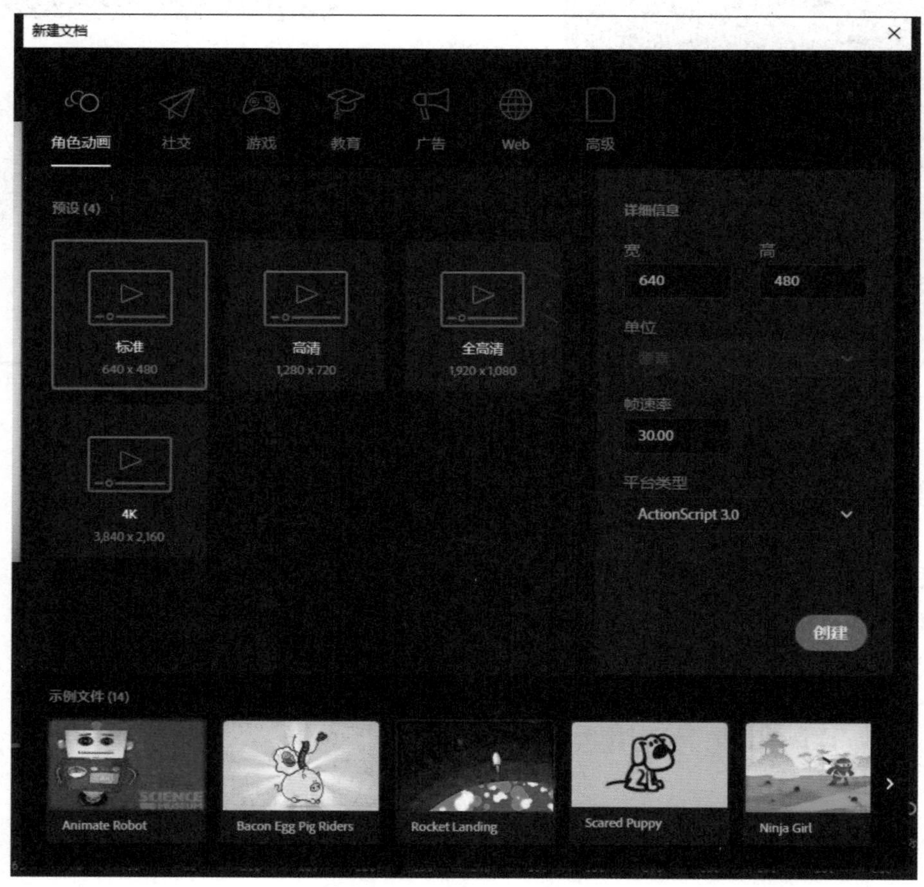

图 7-28　新建文档的参数设置

图 7-29 新建“shipin.fla”文档的效果

步骤 2 选择“文件”菜单→“导入视频”命令，弹出“导入视频”对话框，将“手指动作视频”文件导入到文档中，如图 7-30～图 7-32 所示。

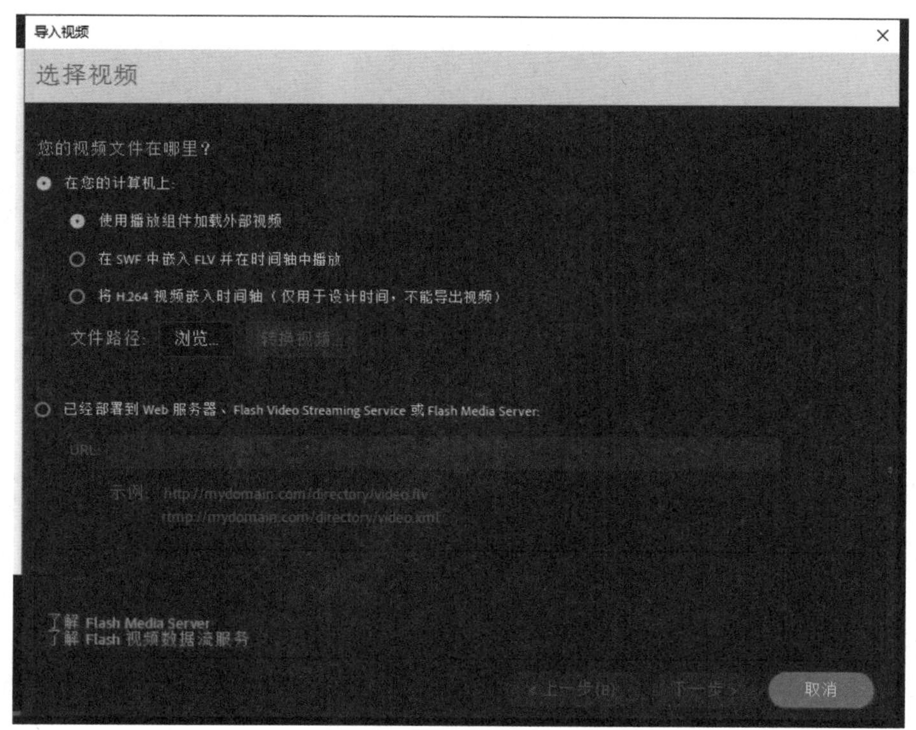

图 7-30 “导入视频”对话框

步骤 3 设置视频属性，将视频大小设置为合适大小，放在舞台中央，如图 7-33 所示。

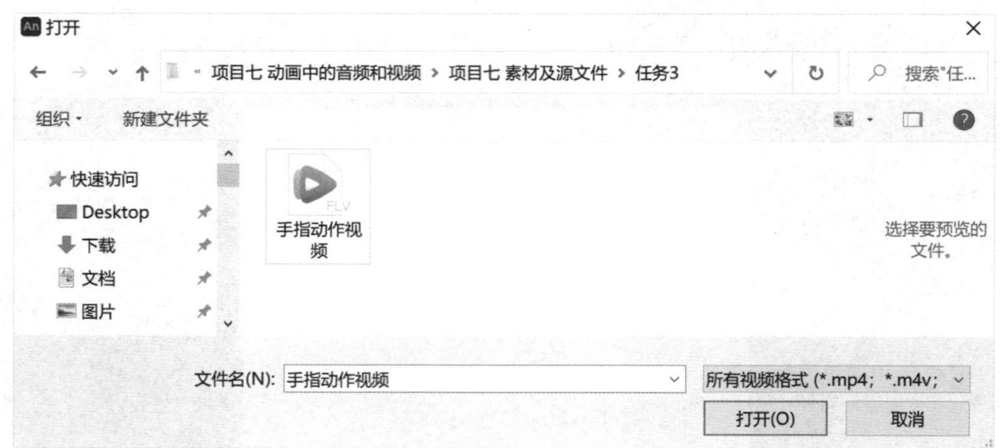

图 7-31 选择视频

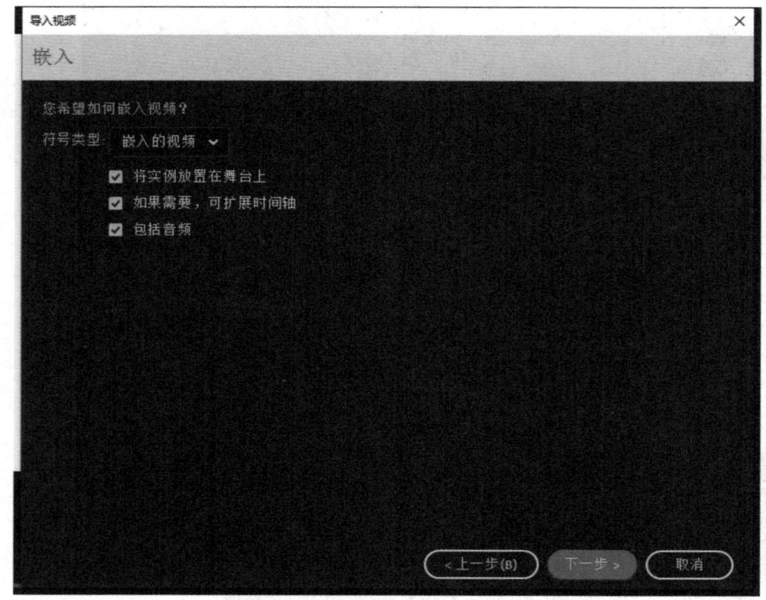

图 7-32 设置视频嵌入方式

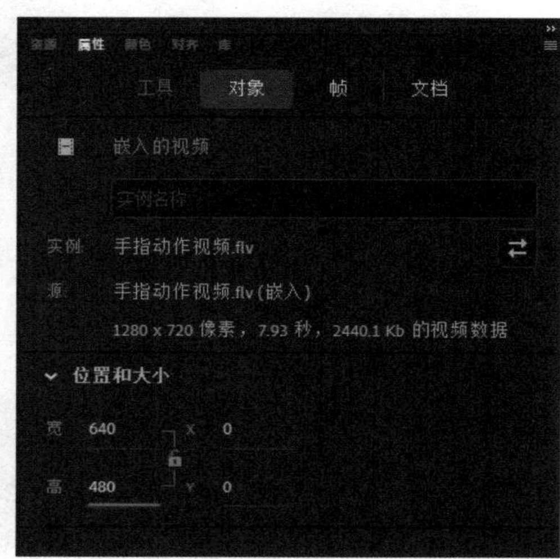

图 7-33 设置视频属性

步骤 4 新建图层，将其命名为“小球”，在时间轴的第 180 帧处插入帧。“小球”图层如图 7-34 所示。

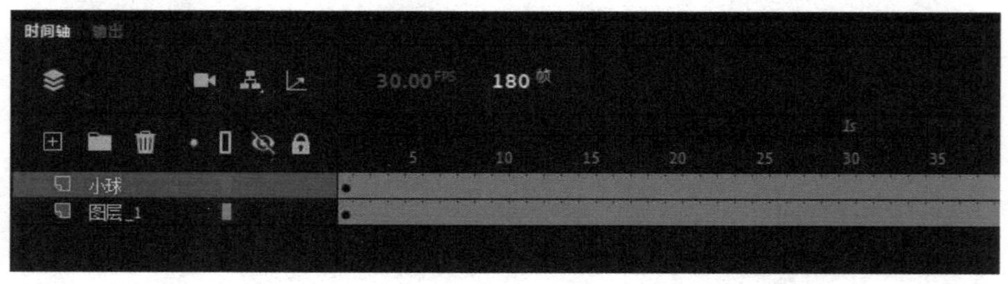

图 7-34 “小球”图层

步骤 5 在第 1 帧处插入关键帧，使用椭圆工具在舞台左侧绘制一个小球；在第 130 帧处插入关键帧，将小球移动到舞台中间位置；在第 180 帧处插入关键帧，将小球移动到舞台左上角外，如图 7-35～图 7-37 所示。

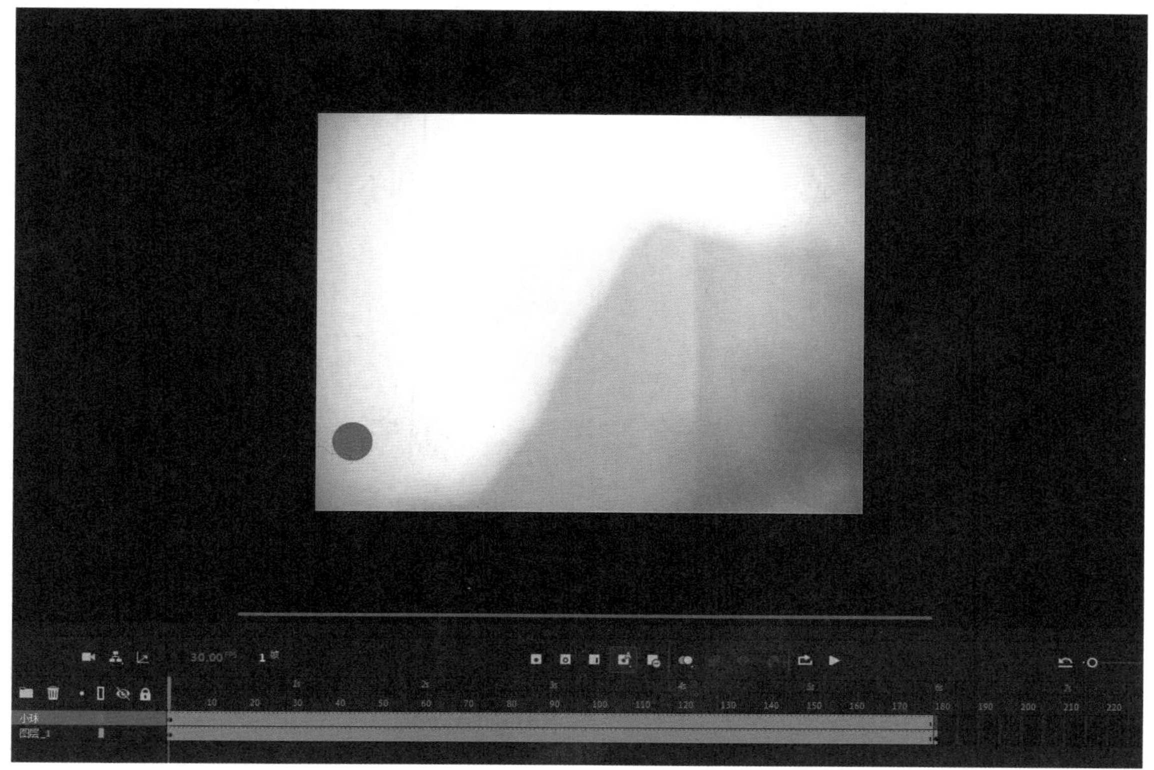

图 7-35　在舞台左侧绘制一个小球

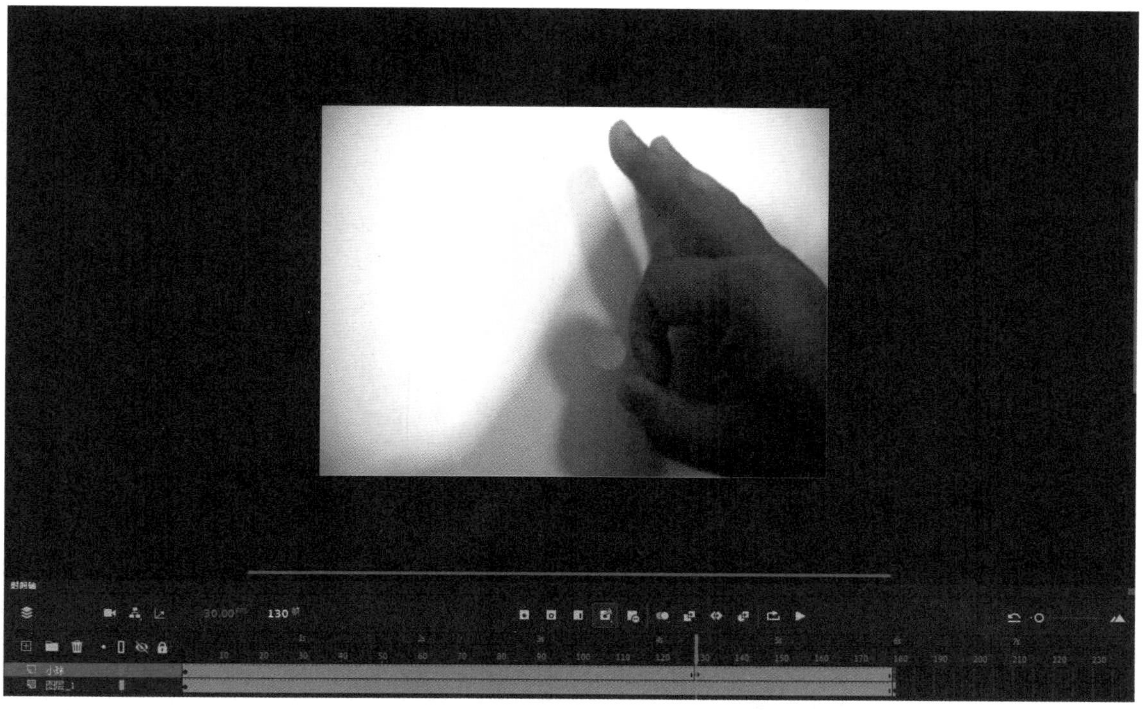

图 7-36　将小球移动到舞台中间位置

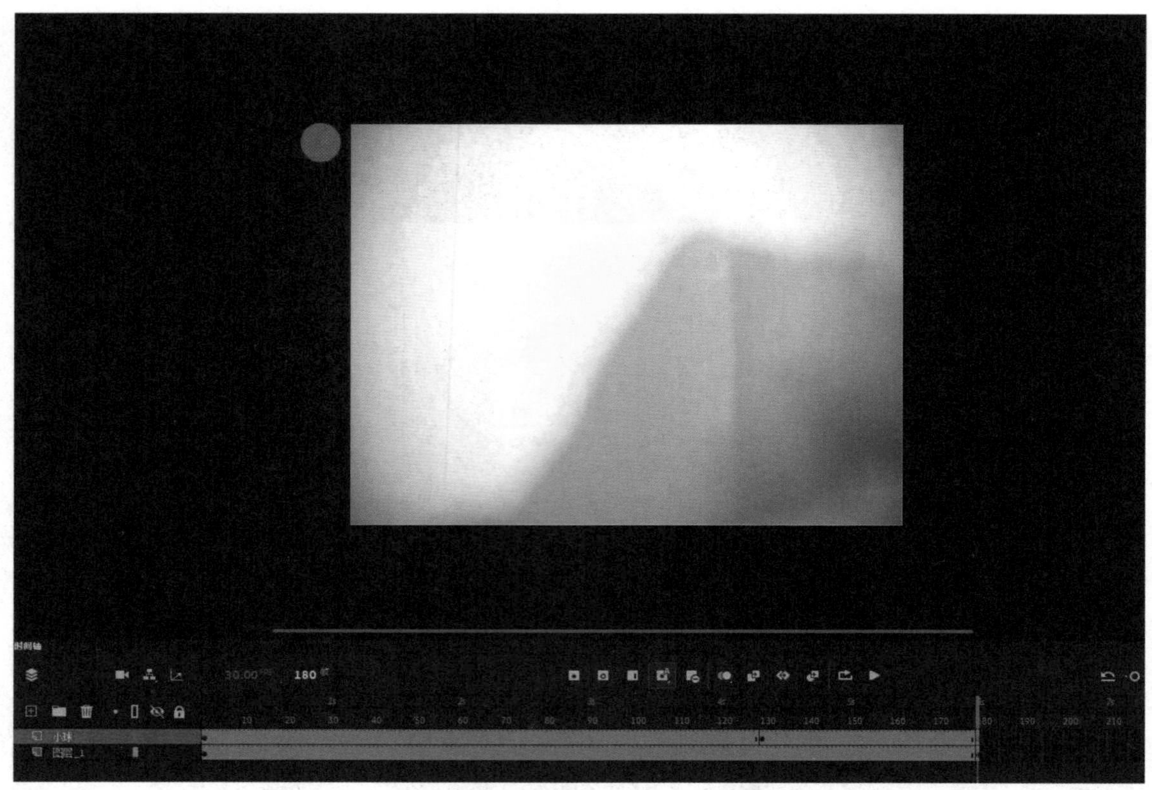

图 7-37　将小球移动到舞台左上角外

步骤 6　使用“创建补间动画”命令（见图 7-38）在第 1 帧和第 130 帧之间创建补间动画，在第 131 帧和第 180 帧之间创建补间动画。创建补间动画后的“时间轴”面板如图 7-39 所示。

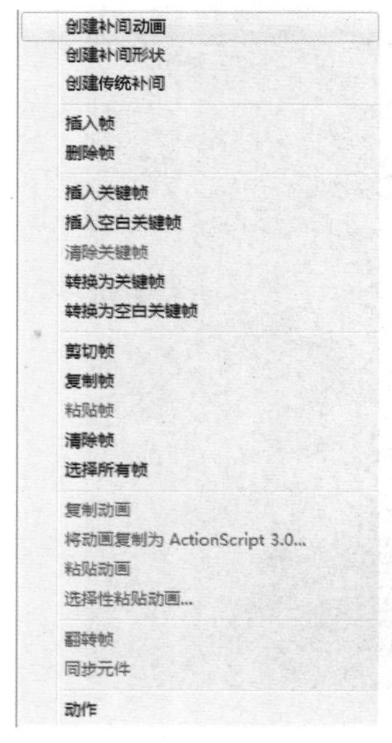

图 7-38　“创建补间动画”命令

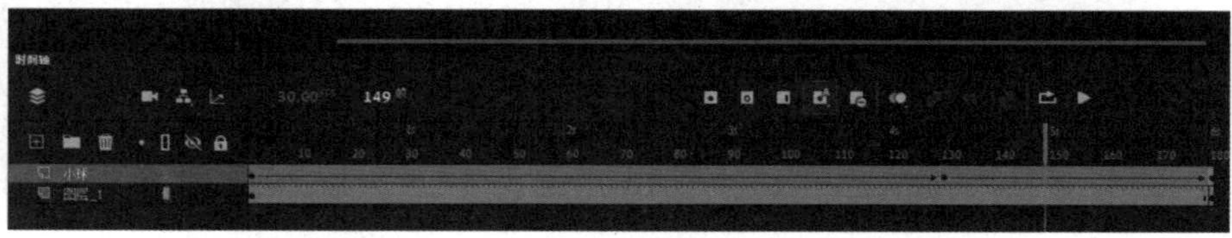

图 7-39　创建补间动画后的“时间轴”面板

步骤 7 按快捷键“Ctrl+Enter”播放动画，查看效果，如图 7-40 所示。

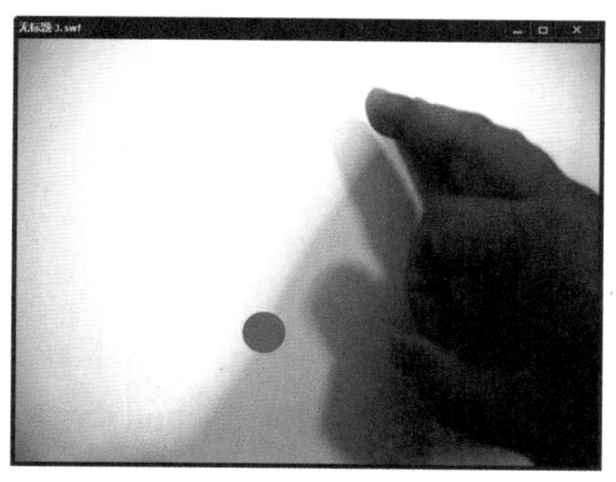

图 7-40 播放动画

任务经验

本任务实现了视频动画的添加，通过导入视频，利用视频中的手指动作，配合绘制的小球，制作出虚实结合的动画效果。

思考与探索

思考：

1. 音频和视频能够为动画提供什么？
2. 可以被直接导入 Animate 中的音频一般为什么格式？
3. 是否所有类型的视频都能够被导入到动画中？

探索：

运用所学的动画知识，制作一个“色彩变换”动画，尝试使用颜色的变换来表现四季的更替，并为动画添加唯美的背景音乐以烘托气氛。

提示：在色彩运用方面，大家可以用心观察不同季节的图片，感悟春夏秋冬的色彩，从中提取出一些可以代表某个季节的颜色。“色彩变换”动画效果如图 7-41 所示。

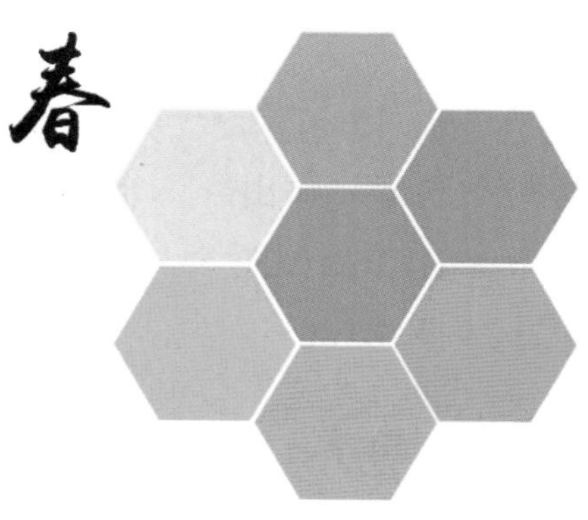

图 7-41 “色彩变换”动画效果

项目小结

项目七是二维动画软件教学中的重点内容之一，通过丰富、典型的任务范例讲解了二维动画常用的音频和视频制作方法，能够为动画增加很多乐趣。希望大家能够充分发挥自己的想象力，制作出更多音画俱佳的动画。

交互功能和影片输出

项目八

项目导读

Animate 不仅能让用户观看其自行播放的动画，还能根据用户的选择呈现不同的动画内容，甚至即时、动态的资料，而实现此功能的就是 ActionScript。本项目通过 Animate 2022 中 ActionScript 3.0 的实例讲解，使学生掌握 ActionScript 的初步应用，并学习动画影片的输出，以便在其他程序或网站中使用该动画作品。

学会什么

① 认识“动作”面板

② 掌握添加代码的常用方法

③ 了解 ActionScript 有关术语

④ 掌握影片输出的步骤

项目展示

范例分析

本项目共有 4 个任务，前 3 个任务分别使用 ActionScript 3.0 实现不同的动画效果，第 4 个任务是动画影片输出。

任务 1 的作品如图 8-1 所示，该任务制作了按钮交互效果，通过给“播放”、“暂停”和“重放”按钮添加 ActionScript 脚本，控制动画的播放，使学生学习、掌握在 Animate 2022 中添加脚本的方法。

任务 2 的作品如图 8-2 所示，该任务给动画片的片头和片尾设置交互，实现“开始播放”“重新播放”的功能，使学生进一步掌握添加脚本的方法。

任务 3 的作品如图 8-3 所示，该任务实现了任意跳转功能，单击相应按钮，即可展示不同的原创角色转面动画，使学生对 ActionScript 3.0 的使用有进一步的认识，学会任意跳转代码的应用。

任务 4 通过影片发布设置和动画导出，使学生掌握 Animate 影片输出的相关操作技能。

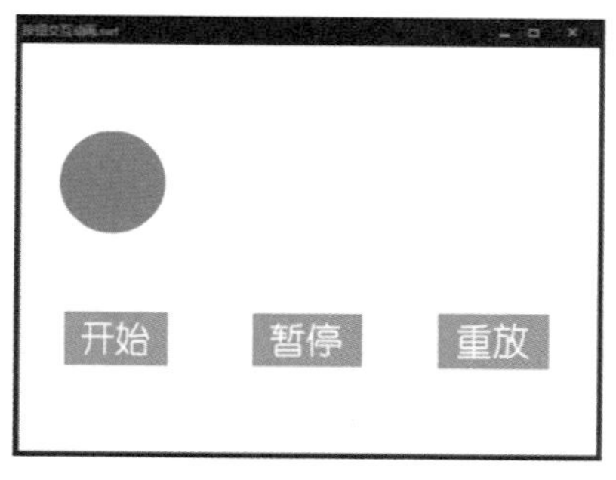

图 8-1 按钮交互

图 8-2 片头和片尾交互

图 8-3 任意跳转

学习重点

本项目重点介绍 ActionScript 3.0 的相关知识，使学生学习添加脚本的方法，学会动画交互功能的实现和动画影片的输出。

储备新知识

“动作”面板

1. 打开“动作”面板

打开“动作”面板的方法有以下几种。

① 选择“窗口”菜单→“动作”命令。

② 选中要添加脚本的关键帧，按快捷键“F9”。

③ 在要添加 ActionScript 脚本的关键帧上右击，在弹出的快捷菜单中选择“动作”命令。

2. 使用“动作”面板

动作脚本是使用 ActionScript 编写的命令集，用于引导影片或外部应用程序执行任务。Animate 2022 为设计者提供了直观易操作的动作脚本编写界面，即“动作”面板，如图 8-4 所示。通过“动作”面板，用户可以访问整个 ActionScript 命令库，能够快速生成代码。如果用户熟悉编程语言，也可以自己编写代码。

图 8-4 “动作”面板

1）动作编辑区

动作编辑区是进行 ActionScript 编程的主区域，当前对象的所有脚本程序都在该区域中显示，我们要编写的脚本程序也需要在这里进行编辑。

2）工具栏

在动作编辑区的上方有一个编辑工具栏，其中的工具在进行 ActionScript 命令编辑时经常会用到。常用工具如下。

- ：固定脚本。
- ：插入实例路径和名称。
- ：代码片段。
- ：设置代码格式。
- ：查找。
- ：帮助。

3）添加代码的常用方法

（1）选择时间轴上要添加代码的关键帧，按快捷键“F9”调出“动作”面板。

（2）在动作编辑区中输入代码，如图 8-5 所示。

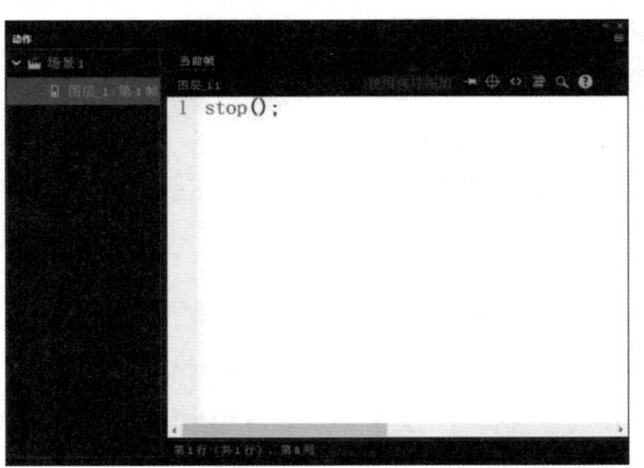

图 8-5　输入代码

（3）如果需要为舞台上的实例添加动作，则需要先选中该实例，在“属性”面板中给实例命名。注意，这个名字最好使用有意义的英文字母，确保程序的可读性。

（4）添加代码后，在有代码的关键帧上会出现一个小写的字母“a”，查看时间轴，就会明白在哪一帧中添加了代码，效果如图 8-6 所示。

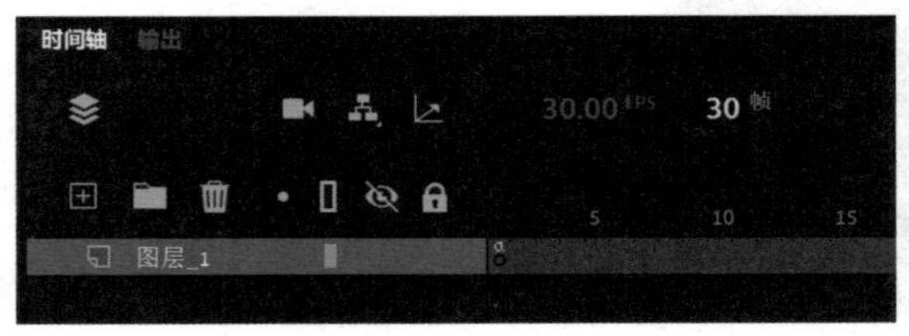

图 8-6　添加代码的效果

3. “代码片段”面板的运用

代码片段是学习 ActionScript 3.0 的入门方法，能够使非编程人员快速、轻松地运用 ActionScript 3.0 进行代码的编辑。借助“代码片段”面板（见图 8-7），用户可以将 ActionScript 3.0 代码添加到 FLA 文件中以启用常用功能。

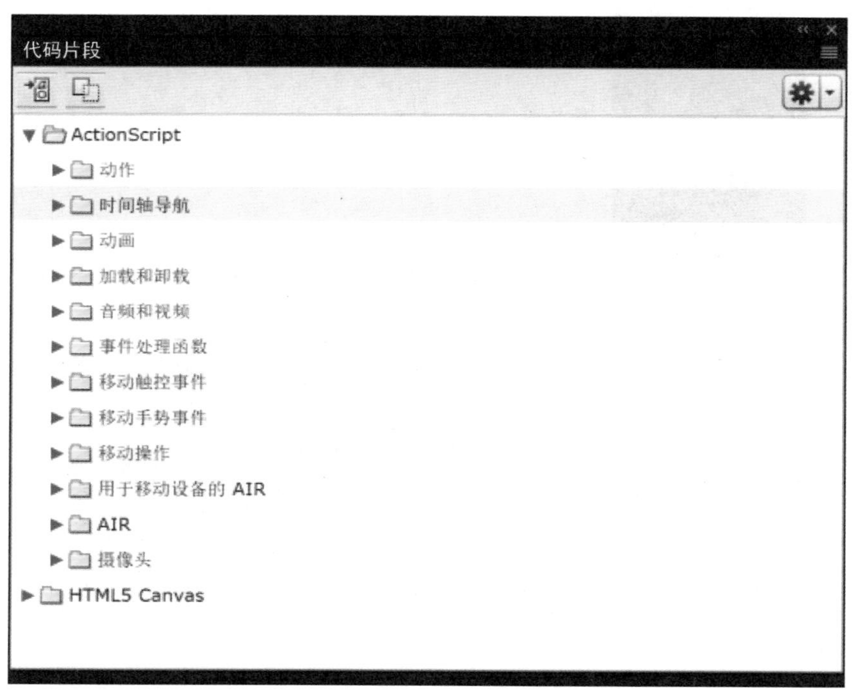

图 8-7 “代码片段”面板

1）“代码片段”面板能实现的功能

使用“代码片段”面板，可以实现以下几个功能。

（1）添加能影响对象在舞台上的行为的代码。

（2）添加能在时间轴中控制播放头移动的代码。

（3）将创建的新代码片段添加到面板中。

2）使用“代码片段”面板的常用方法

（1）选择时间轴上的关键帧或者舞台上的对象。其中，对象应该是元件实例，且已经在属性栏中为实例添加好了实例名称。

（2）选择“窗口”菜单→“片段代码”命令，或者打开“动作”面板并单击“动作”面板右上角的“代码片段”按钮，打开“代码片段”面板。

（3）根据提示选择相应的代码片段后，该代码片段会出现在代码编辑区中，如图 8-8 所示。查看新添加的代码片段，可以参照代码片段前面的说明，根据具体需要来修改代码片段。

（4）在图层列表的顶部会自动创建一个“Actions”图层，用来存放代码，此时的“时间轴”面板如图 8-9 所示。

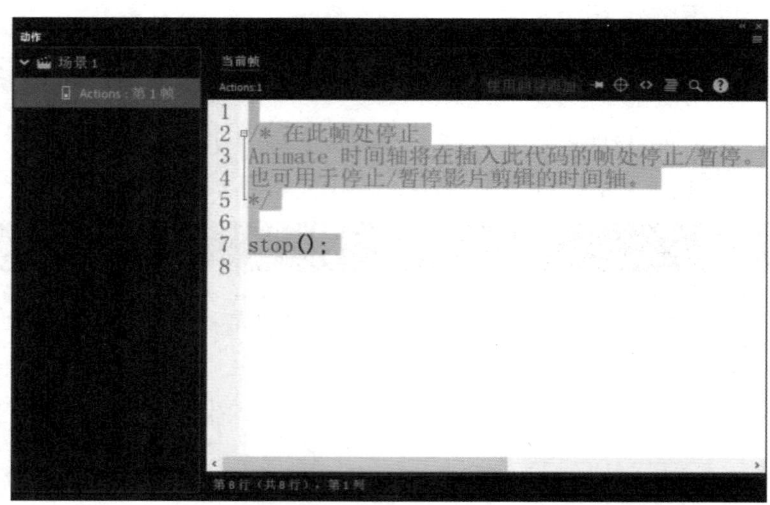

图 8-8　代码编辑区中显示的代码片段

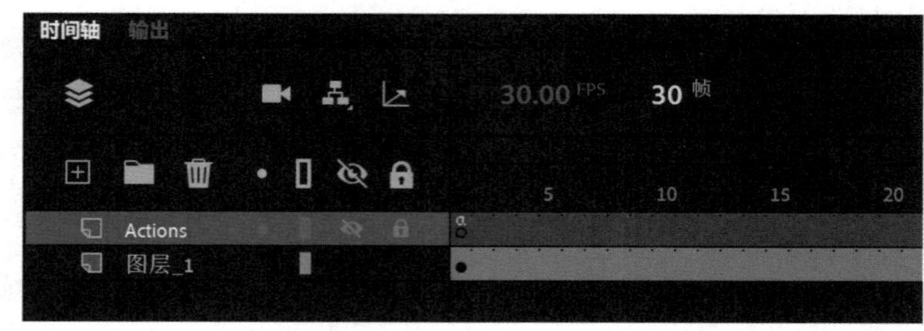

图 8-9　“时间轴”面板

 ActionScript 有关术语

1. Action（动作）

动作是 ActionScript 脚本语言的灵魂和编程的核心，用于控制在动画播放过程中相应的程序流程和播放状态。所有的 ActionScript 程序在动画中都要通过动作体现出来，因为程序是通过动作与动画发生直接联系的。例如，常用的 play、stop 等都是动作，分别用于控制动画的播放、停止等。

2. Event（事件）

简单来说，要执行某个动作，必须提供一定的条件。如果需要某个事件对该动作进行触发，那么这个触发功能的部分就是 ActionScript 中的事件。例如，鼠标的单击、双击、按下、放开等都可以作为事件。

3. Class（类）

类是一系列相互之间有联系的数据的集合，用来定义新的对象类型。

4. Function（函数）

函数是指可以被传送参数、能返回值的且可重复使用的代码块。

5. Objects（对象）

对象就是属性的集合，每个对象都有自己的名称和值。通过对象，我们可以自由访问某种类型的信息。

影片输出

影片输出包括影片发布设置和动画导出两部分。

1. 影片发布设置

选择“文件”菜单→“发布设置”命令，或者按快捷键“Ctrl+Shift+F12”，可以打开“发布设置”对话框，对输出的影片进行设置，如图 8-10 所示。

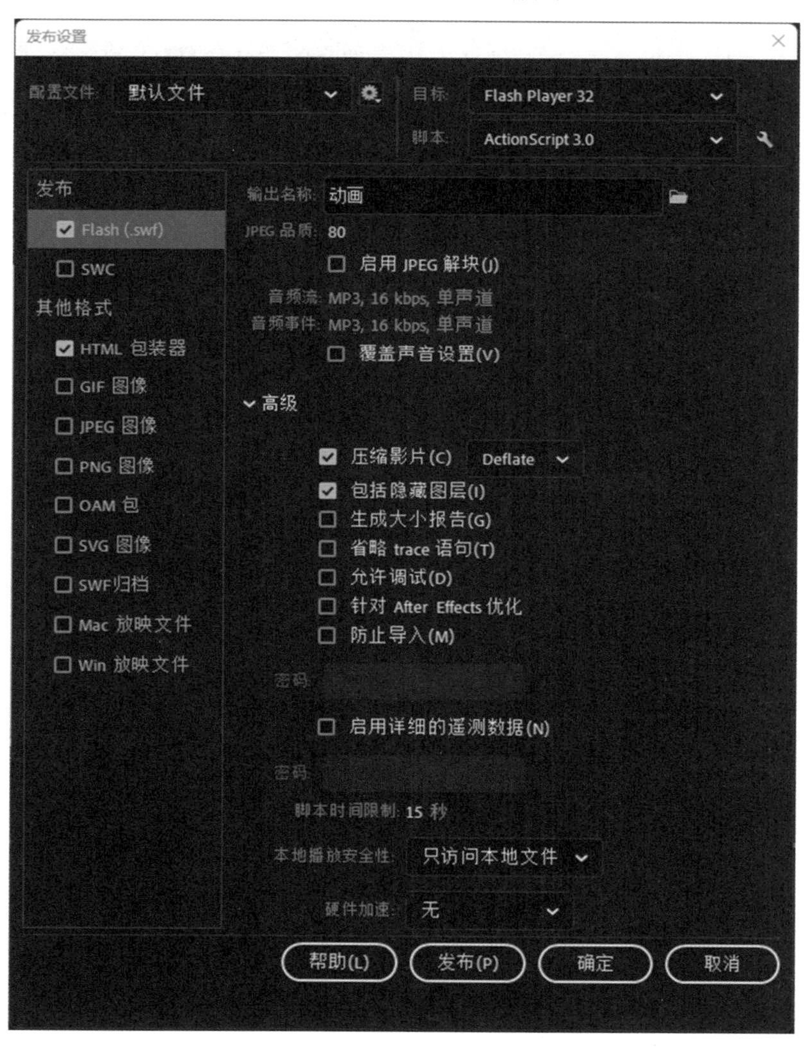

图 8-10 “发布设置”对话框

该对话框中的“配置文件”、“目标”和“脚本”3 个选项不会随发布格式的改变而改变。“配置文件”选项通常默认为“默认文件”；在“目标”选项的下拉列表中可以选择要发布的 SWF 文件的播放器版本；在“脚本”选项的下拉列表中可以选择动作脚本的版本。发布格式选区中罗列了多种 Animate 2022 的文件输出格式，常用的有 Flash（.swf）和 HTML 包装器等。下面介绍几种发布格式的设置。

1）Flash（.swf）

- 输出名称：在“输出名称”文本框中输入文件名，单击按钮，设置文件的保存路径。
- JPEG 品质：调整动画中的位图品质。
- 音频流和音频事件：这两个参数用于设定动画中声音的压缩比率，可以分别调整音频流类型和音频事件类型。
- 覆盖声音设置：将个别之前在“库”面板中设定的声音压缩比率，统一用上面的设定值替代。

2）HTML 包装器

- 输出名称：在“输出名称”文本框中输入文件名，单击按钮，设置文件的保存路径。
- 模板：一般情况下，只需选择“仅限 Flash”选项即可，这也是默认选项。单击右边的“信息”按钮，可以显示选定模板的说明。
- 大小：设置 HTML 代码中宽和高的值。
- 播放：控制 SWF 文件的播放和各种功能。
- 品质：在处理时间和外观之间确定一个平衡点。
- 窗口模式：修改动画内容限制框或虚拟窗口与 HTML 中内容的关系。
- 缩放和对齐：设置如何在应用程序窗口内放置动画内容，以及在必要时如何裁剪它的边缘。

3）Win 放映文件

- 输出名称：在“输出名称”文本框中输入文件名，单击按钮，设置文件的保存路径，即可得到一个可执行的文件，可以直接播放，不需要借助任何播放器。

2. 动画导出

动画导出命令用于生成单独格式的动画作品。Animate 2022 可以导出很多类型的文件，主要包括影片、图像、视频/媒体、动画 GIF 等。

导出的影片类型有：SWF 影片（*.swf）、GIF 文件序列（*.gif）、JPEG 文件序列（*.jpg）、PNG 文件序列（*.png）和 SVG 文件序列（*.svg）。

导出影片的方法为选择“文件”菜单→“导出”子菜单→“导出影片”命令，如图 8-11 所示。

导出的图像类型有：GIF、JPEG、PNG-8、PNG-24。

导出图像的方法与导出影片的方法相似，即选择“文件”菜单→“导出”子菜单→“导出图像”命令。

导出视频/媒体与导出动画 GIF 的方法也与导出影片的方法相似，这里不再赘述。

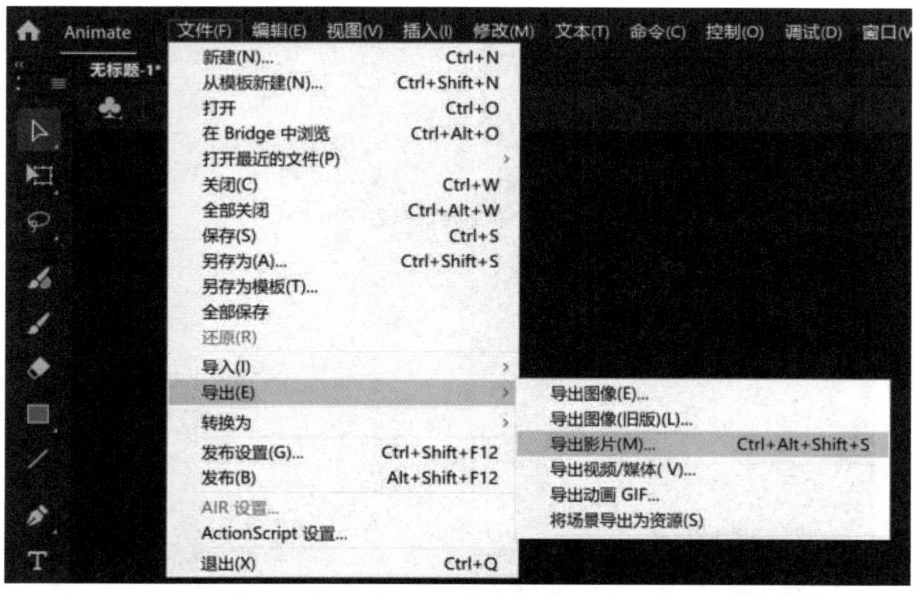

图 8-11 选择“导出影片”命令

任务 1 按钮交互——移动的圆形

作品展示

圆形从舞台左侧移动到舞台右侧，可以通过按钮控制动画的开始、暂停和重放，效果如图 8-12 所示。

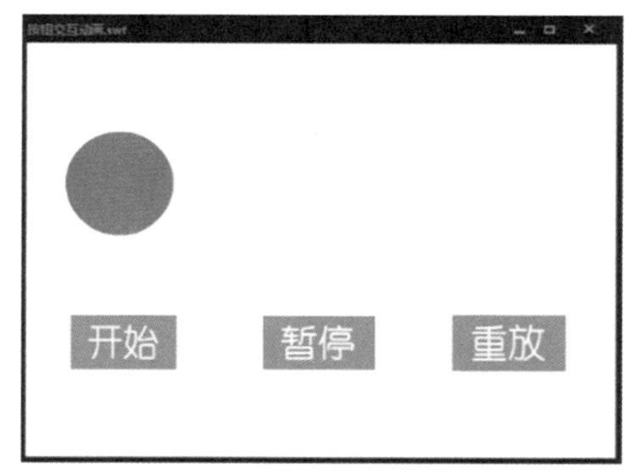

图 8-12 按钮交互效果

任务分析

本任务实际上制作的是一个基本模型动画，当学生学会制作这种模型动画后，结合漂亮的动画表现形式，就可以轻松制作带有交互功能的优秀动画了。本任务首先制作一个圆形从舞台左侧移动到舞台右侧的动画，然后制作 3 个按钮，分别为“开始”、“暂停”和“重放”，最后为每个按钮元件实例添加实现其功能的代码。

任务实施

步骤 1 选择“文件”菜单→“新建”命令，在弹出的对话框中选择“角色动画”→“标准”选项，新建一个文档。其中，默认工作区的宽和高分别为 640 像素和 480 像素，其他相关参数设置如图 8-13 所示。

步骤 2 选择“插入”菜单→“新建元件”命令，新建一个按钮元件，设置“名称”为“开始”，使用矩形工具和文本工具绘制“开始”按钮，效果如图 8-14 所示。

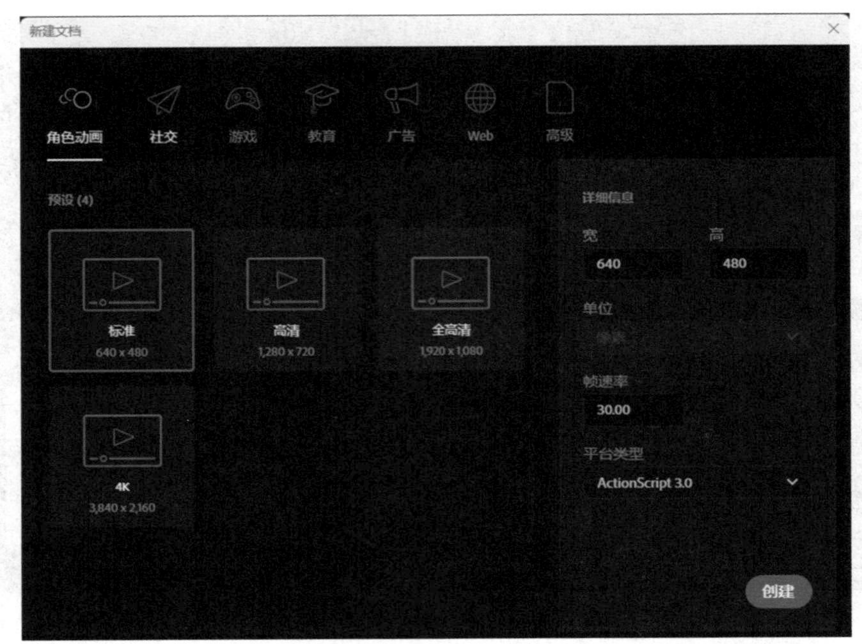

图 8-13　新建文档的参数设置

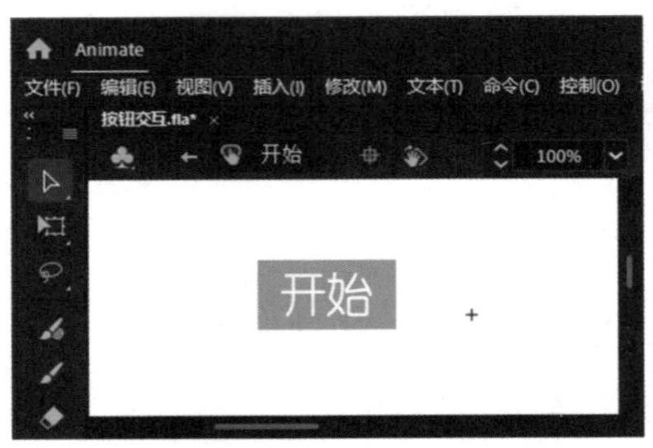

图 8-14　“开始”按钮效果

步骤 3　重复步骤 2 的操作，新建“暂停”按钮元件和“重放”按钮元件。

步骤 4　在第 1 帧处，使用椭圆工具在舞台左侧绘制圆形，并选中圆形，按快捷键“F8”，将圆形转换为图形元件。在第 50 帧处，按快捷键“F6”插入关键帧，将绘制的圆形移动到舞台右侧。在第 1 帧和第 50 帧之间的任意位置右击，在弹出的快捷菜单中选择“创建传统补间”命令，此时的“时间轴”面板如图 8-15 所示。

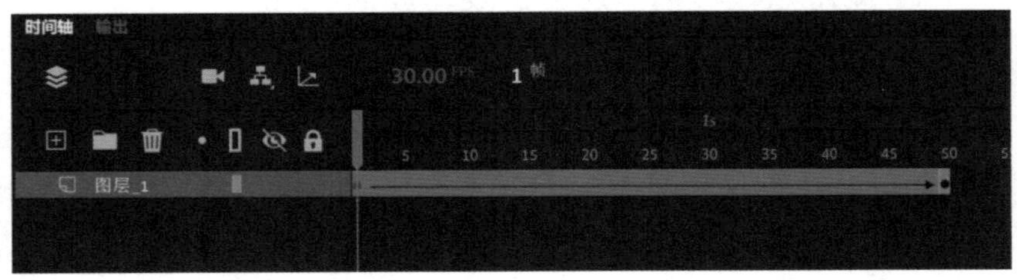

图 8-15　“时间轴”面板

步骤 5　新建“图层 2”，按快捷键“Ctrl+L”，调出“库”面板，将新建的 3 个按钮元件从库中拖曳到舞台中，按钮摆放位置如图 8-16 所示。

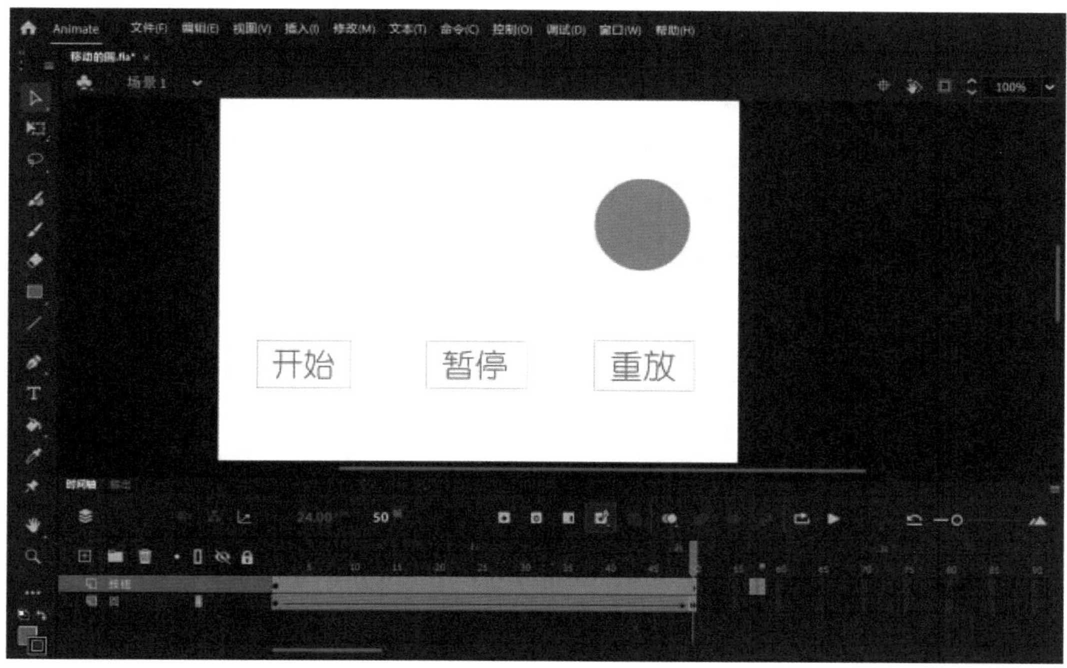

图 8-16　按钮摆放位置

步骤 6　选中“开始”按钮元件，在右侧的属性栏中，将实例名称修改为“kaishi_mc”，使用同样的方法将“暂停”按钮元件的实例名称修改为“zanting_mc”，将“重放”按钮元件的实例名称修改为“chongfang_mc”。

步骤 7　在时间轴的第 1 帧处，选中“开始”按钮元件，按快捷键“F9”，调出“动作”面板，单击其右上角的“代码片段”按钮，打开“代码片段”面板，选择“ActionScript”文件夹→“时间轴导航”文件夹→“单击以转到帧并播放”选项，可以在动作编辑区中看到调用的代码如下。

注意，/*……*/中间的部分为注释，是“代码片段”面板中自动生成的内容，起到提示和说明的作用，并不是代码的组成部分，后边重复出现的注释都是如此，不再赘述。

```
/*单击以转到帧并播放
单击指定的元件实例会将播放头移动到时间轴中的指定帧并继续从该帧播放
可在主时间轴或影片剪辑时间轴上使用
说明：
在单击元件实例时，使用希望播放头移动到的帧编号替换以下代码中的数字 5
*/
kaishi_mc.addEventListener(MouseEvent.CLICK, fl_ClickToGoToAndPlayFromFrame);
function fl_ClickToGoToAndPlayFromFrame(event:MouseEvent):void
{
    gotoAndPlay(5);
}
```

根据动作设定的需要，修改两个位置：一是在代码片段前加上停止代码“stop();”，让画面停留在第 1 帧处；二是将数字“5”改为“2”，使单击“开始”按钮时，动画从第 2 帧开始播放。修改后，动作编辑区中的代码如下。

```
/*单击以转到帧并播放
单击指定的元件实例会将播放头移动到时间轴中的指定帧并继续从该帧播放
可在主时间轴或影片剪辑时间轴上使用
说明:
在单击元件实例时，使用希望播放头移动到的帧编号替换以下代码中的数字 5
*/
stop();
kaishi_mc.addEventListener(MouseEvent.CLICK, fl_ClickToGoToAndPlayFromFrame);
function fl_ClickToGoToAndPlayFromFrame(event:MouseEvent):void
{
    gotoAndPlay(2);
}
```

此时会在图层列表顶部自动生成一个“Actions”图层，用来存放代码，第 1 帧处出现了小写的字母“a”。

步骤 8 选中“暂停”按钮元件，按快捷键“F9”，调出“动作”面板，单击其右上角的“代码片段”按钮，打开“代码片段”面板，选择“ActionScript”文件夹→“时间轴导航”文件夹→“单击以转到帧并停止”选项，可以在动作编辑区中看到调用的代码如下。

```
/*单击以转到帧并停止
单击指定的元件实例会将播放头移动到时间轴中的指定帧并停止播放影片
可在主时间轴或影片剪辑时间轴上使用
说明:
在单击元件实例时，使用希望播放头移动到的帧编号替换以下代码中的数字 5
*/
zanting_mc.addEventListener(MouseEvent.CLICK, fl_ClickToGoToAndStopAtFrame);
function fl_ClickToGoToAndStopAtFrame(event:MouseEvent):void
{
    gotoAndStop(5);
}
```

根据动画需要，修改“gotoAndStop(5);”为“stop();”即可实现暂停的功能。修改之后的代码如下。

```
/*单击以转到帧并停止
单击指定的元件实例会将播放头移动到时间轴中的指定帧并停止播放影片
可在主时间轴或影片剪辑时间轴上使用
说明:
在单击元件实例时，使用希望播放头移动到的帧编号替换以下代码中的数字 5
*/
zanting_mc.addEventListener(MouseEvent.CLICK, fl_ClickToGoToAndStopAtFrame);
function fl_ClickToGoToAndStopAtFrame(event:MouseEvent):void
{
```

```
    stop();
}
```

步骤 9 “重放”的动作设定是当舞台中的圆形移动到最右侧的时候，单击“重放”按钮，实现动画从头播放的效果。因此，需要在动画的最后一帧处，选中“重放”按钮元件，按快捷键“F9”，调出“动作”面板，单击其右上角的“代码片段”按钮，打开“代码片段”面板，选择“ActionScript”文件夹→“时间轴导航”文件夹→“单击以转到帧并播放”选项，可以在动作编辑区中看到调用的代码如下。

```
/*单击以转到帧并播放
单击指定的元件实例会将播放头移动到时间轴中的指定帧并继续从该帧播放
可在主时间轴或影片剪辑时间轴上使用
说明：
在单击元件实例时，使用希望播放头移动到的帧编号替换以下代码中的数字 5
*/
chongfang_mc.addEventListener(MouseEvent.CLICK, fl_ClickToGoToAndPlayFromFrame);
function fl_ClickToGoToAndPlayFromFrame(event:MouseEvent):void
{
    gotoAndPlay(5);
}
```

与“开始”按钮元件的代码修改方法相似，需要修改两个位置：一是在代码片段前加上停止代码“stop();”，让画面停留在第 50 帧处；二是将数字“5”改为“2”，使单击“重放”按钮时，动画从第 2 帧开始重新播放。修改后，动作编辑区中的代码如下。

```
/*单击以转到帧并播放
单击指定的元件实例会将播放头移动到时间轴中的指定帧并继续从该帧播放
可在主时间轴或影片剪辑时间轴上使用
说明：
在单击元件实例时，使用希望播放头移动到的帧编号替换以下代码中的数字 5
*/
stop();
chongfang_mc.addEventListener(MouseEvent.CLICK, fl_ClickToGoToAndPlayFromFrame);
function fl_ClickToGoToAndPlayFromFrame(event:MouseEvent):void
{
    gotoAndPlay(2);
}
```

步骤 10 代码编辑完成后，按快捷键“Ctrl+Enter”，运行动画，进行测试。若动画在运行过程中没有问题，则表示动画制作完成。如果出现代码错误的提示框，则需要根据提示，结合之前的制作步骤重新检查代码中存在的问题，直到调试成功。

任务经验

本任务实现了通过添加脚本来控制动画播放的效果。在制作过程中，为了提升操作速度，可以使用快捷键“F9”快速打开“动作”面板。另外，需要特别注意的是，在手动输入脚本时，必须在英文输入法状态下进行。

任务 2 片头和片尾交互——真人实拍互动动画

作品展示

为一个完整的动画片添加代码，实现片头和片尾的交互功能，效果如图 8-17 所示。

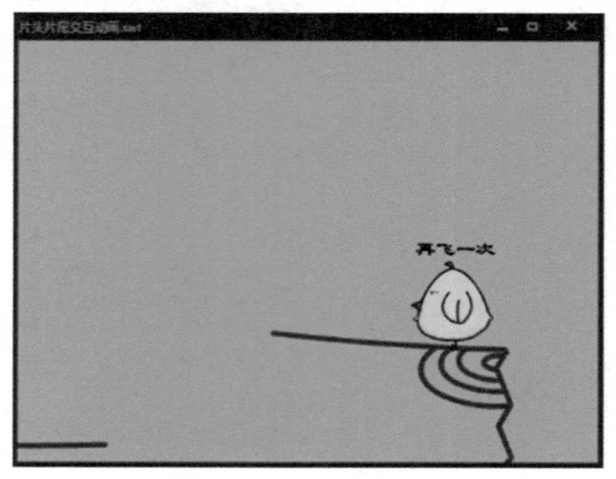

图 8-17 片头和片尾交互效果

任务分析

本任务是在任务 1 这种模型动画的基础上进行的实际应用，需要实现两个交互功能：一是为片头设计代码，实现单击“发射”按钮，播放动画的效果；二是为片尾设计代码，实现单击“再飞一次”按钮，重新播放动画的效果。

任务实施

步骤 1 选择“文件”菜单→“打开”命令，打开“项目八 交互功能和影片输出\项目八素材及源文件\任务 2\真人实拍互动动画素材.fla”文件。该素材文件是完整的动画文件，包括片头、片尾两个创意按钮“发射”和“再飞一次”。我们需要做的是为动画添加交互代码。

步骤 2 选择“发射”按钮元件，在右侧的属性栏中，将实例名称修改为“fashe_mc”。在第 228 帧处，选择“再飞一次”按钮元件，在右侧的属性栏中，将实例名称修改为“zailai_mc”。

步骤 3 选择第 1 帧，在舞台中选中“发射”按钮元件，按快捷键“F9”调出“动作”面板，单击其右上角的“代码片段”按钮，打开“代码片段”面板，选择“ActionScript”文件夹→“时间轴导航”文件夹→“单击以转到帧并播放”选项，就可以在动作编辑区中看到调用的代码如下。

```
/*单击以转到帧并播放
单击指定的元件实例会将播放头移动到时间轴中的指定帧并继续从该帧播放
```

```
可在主时间轴或影片剪辑时间轴上使用
说明：
在单击元件实例时，使用希望播放头移动到的帧编号替换以下代码中的数字 5
*/
fashe_mc.addEventListener(MouseEvent.CLICK, fl_ClickToGoToAndPlayFromFrame);
function fl_ClickToGoToAndPlayFromFrame(event:MouseEvent):void
{
    gotoAndPlay(5);
}
```

根据动作设定的需要，修改两个位置：一是在代码片段前加上停止代码“stop();”，让画面停留在第 1 帧处；二是将数字“5”改为“2”，使单击“发射”按钮时，动画从第 2 帧开始播放。修改后，动作编辑区中的代码如下。

```
/*单击以转到帧并播放
单击指定的元件实例会将播放头移动到时间轴中的指定帧并继续从该帧播放
可在主时间轴或影片剪辑时间轴上使用
说明：
在单击元件实例时，使用希望播放头移动到的帧编号替换以下代码中的数字 5
*/
stop();
fashe_mc.addEventListener(MouseEvent.CLICK, fl_ClickToGoToAndPlayFromFrame);
function fl_ClickToGoToAndPlayFromFrame(event:MouseEvent):void
{
    gotoAndPlay(2);
}
```

此时会在图层列表顶部自动生成一个“Actions”图层，用来存放代码，第 1 帧处出现了小写的字母“a”。

步骤 4 “再飞一次”的动作设定是当动画结束的时候，单击“再飞一次”按钮，实现动画从头播放的效果。因此，需要在动画的最后一帧处，选中“再飞一次”按钮元件，按快捷键“F9”，调出“动作”面板，单击其右上角的“代码片段”按钮，打开“代码片段”面板，选择“ActionScript”文件夹→“时间轴导航”文件夹→“单击以转到帧并播放”选项，就可以在动作编辑区中看到调用的代码如下。

```
/*单击以转到帧并播放
单击指定的元件实例会将播放头移动到时间轴中的指定帧并继续从该帧播放
可在主时间轴或影片剪辑时间轴上使用
说明：
在单击元件实例时，使用希望播放头移动到的帧编号替换以下代码中的数字 5
*/
zailai_mc.addEventListener(MouseEvent.CLICK, fl_ClickToGoToAndPlayFromFrame);
function fl_ClickToGoToAndPlayFromFrame(event:MouseEvent):void
{
```

```
    gotoAndPlay(5);
}
```

与“发射”按钮元件的代码修改方法相似，需要修改两个位置：一是在代码片段前加上停止代码“stop();”，让画面停留在最后一帧处；二是将数字“5”改为“2”，使单击元件实例时，动画从第 2 帧开始重新播放。修改后，动作编辑区中的代码如下。

```
/*单击以转到帧并播放
单击指定的元件实例会将播放头移动到时间轴中的指定帧并继续从该帧播放
可在主时间轴或影片剪辑时间轴上使用
说明：
在单击元件实例时，使用希望播放头移动到的帧编号替换以下代码中的数字 5
*/
stop();
zailai_mc.addEventListener(MouseEvent.CLICK, fl_ClickToGoToAndPlayFromFrame);
function fl_ClickToGoToAndPlayFromFrame(event:MouseEvent):void
{
    gotoAndPlay(2);
}
```

步骤 5　代码编辑完成后，按快捷键“Ctrl+Enter”运行动画，进行测试。

任务经验

本任务为按钮元件实例添加代码的时候，要注意先在属性栏中修改实例名称。很多动画片的片头和片尾交互按钮都是非常有创意的，不管如何变化，代码实现的功能基本都是一致的，方法也基本相似。

任务 3　任意跳转——原创角色展示

作品展示

单击按钮，展示对应角色八视图转面动画，实现任意跳转功能，效果如图 8-18 所示。

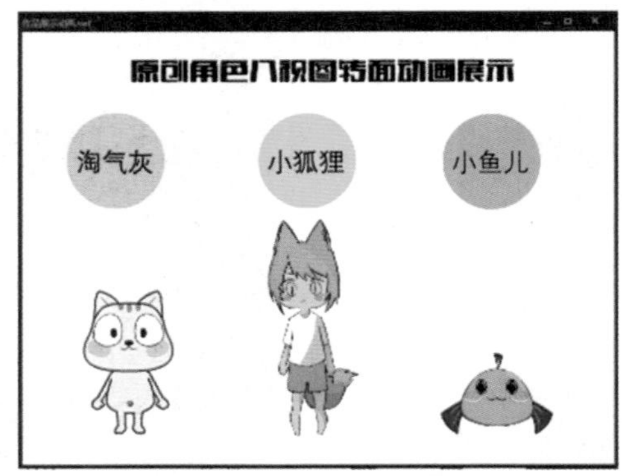

图 8-18　任意跳转效果

任务分析

本任务要实现的是时间轴上的任意跳转功能，动画源文件素材已经准备好，我们需要做的是为每个按钮添加正确的代码，实现跳转功能。

任务实施

步骤 1 选择“文件”菜单→“打开”命令，打开“项目八 交互功能和影片输出\项目八素材及源文件\任务 3\原创角色展示素材.fla”文件。

步骤 2 这里需要了解一下素材动画的结构。3 个按钮元件“淘气灰”“小狐狸”“小鱼儿”均被放在“按钮”图层中。“角色”图层中有 4 个关键帧，即第 1 帧、第 2 帧、第 4 帧和第 6 帧。第 1 帧中放置了 3 张角色正面图片；第 2 帧中的淘气灰图片已经被替换为淘气灰转面动画影片剪辑；第 4 帧中的小狐狸图片已经被替换为小狐狸转面动画影片剪辑；第 6 帧中的小鱼儿图片已经被替换为小鱼儿转面动画影片剪辑。从目前的情况来看，4 个关键帧中的内容表面上是一样的，但是当运行动画之后，影片剪辑元件呈现的是动态的效果。

步骤 3 选中“淘气灰”按钮元件，在右侧的属性栏中将实例名称修改为“mao_mc”。选中“小狐狸”按钮元件，在右侧的属性栏中将实例名称修改为“huli_mc”。选中“小鱼儿”按钮元件，在右侧的属性栏中将实例名称修改为“yu_mc”。

步骤 4 选择第 1 帧，并在舞台中选中“淘气灰”按钮元件，按快捷键“F9”调出“动作”面板，单击其右上角的“代码片段”按钮，打开“代码片段”面板，选择“ActionScript”文件夹→“时间轴导航”文件夹→“单击以转到帧并播放”选项，就可以在动作编辑区中看到调用的代码如下。

```
/*单击以转到帧并播放
单击指定的元件实例会将播放头移动到时间轴中的指定帧并继续从该帧播放
可在主时间轴或影片剪辑时间轴上使用
说明：
在单击元件实例时，使用希望播放头移动到的帧编号替换以下代码中的数字 5
*/
mao_mc.addEventListener(MouseEvent.CLICK, fl_ClickToGoToAndPlayFromFrame);
function fl_ClickToGoToAndPlayFromFrame(event:MouseEvent):void
{
    gotoAndPlay(5);
}
```

根据动作设定的需要，将数字“5”改为“2”，使单击“淘气灰”按钮时，动画跳转到第 2 帧并播放。修改后，动作编辑区中的代码如下。

```
/*单击以转到帧并播放
单击指定的元件实例会将播放头移动到时间轴中的指定帧并继续从该帧播放
可在主时间轴或影片剪辑时间轴上使用
```

```
说明：
在单击元件实例时，使用希望播放头移动到的帧编号替换以下代码中的数字 5
*/
mao_mc.addEventListener(MouseEvent.CLICK, fl_ClickToGoToAndPlayFromFrame);
function fl_ClickToGoToAndPlayFromFrame(event:MouseEvent):void
{
    gotoAndPlay(2);
}
```

此时会在图层列表顶部自动生成一个“Actions”图层，用来存放代码，第 1 帧处出现了小写的字母“a”。

步骤 5 选择第 1 帧，在舞台中选中“小狐狸”按钮元件，按快捷键“F9”调出“动作”面板，单击其右上角的“代码片段”按钮，打开“代码片段”面板，选择“ActionScript”文件夹→“时间轴导航”文件夹→“单击以转到帧并播放”选项，动作编辑区原有代码的下方会出现如下新代码。

```
/*单击以转到帧并播放
单击指定的元件实例会将播放头移动到时间轴中的指定帧并继续从该帧播放
可在主时间轴或影片剪辑时间轴上使用
说明：
在单击元件实例时，使用希望播放头移动到的帧编号替换以下代码中的数字 5
*/
huli_mc.addEventListener(MouseEvent.CLICK, fl_ClickToGoToAndPlayFromFrame);
function fl_ClickToGoToAndPlayFromFrame(event:MouseEvent):void
{
    gotoAndPlay(5);
}
```

根据动作设定的需要，将数字“5”改为“4”，使单击“小狐狸”按钮时，动画跳转到第 4 帧并播放。修改后，动作编辑区中的新代码如下。

```
/*单击以转到帧并播放
单击指定的元件实例会将播放头移动到时间轴中的指定帧并继续从该帧播放
可在主时间轴或影片剪辑时间轴上使用
说明：
在单击元件实例时，使用希望播放头移动到的帧编号替换以下代码中的数字 5
*/
huli_mc.addEventListener(MouseEvent.CLICK, fl_ClickToGoToAndPlayFromFrame);
function fl_ClickToGoToAndPlayFromFrame(event:MouseEvent):void
{
    gotoAndPlay(4);
}
```

步骤 6 选择第 1 帧，在舞台中选中“小鱼儿”按钮元件，按快捷键“F9”调出“动作”面板，单击其右上角的“代码片段”按钮，打开“代码片段”面板，选择“ActionScript”文件夹→“时间轴导航”文件夹→“单击以转到帧并播放”选项，动作编辑区原有代码的下方会出现如下新代码。

```
/*单击以转到帧并播放
单击指定的元件实例会将播放头移动到时间轴中的指定帧并继续从该帧播放
可在主时间轴或影片剪辑时间轴上使用
说明：
在单击元件实例时，使用希望播放头移动到的帧编号替换以下代码中的数字 5
*/
yu_mc.addEventListener(MouseEvent.CLICK, fl_ClickToGoToAndPlayFromFrame);
function fl_ClickToGoToAndPlayFromFrame(event:MouseEvent):void
{
    gotoAndPlay(5);
}
```

根据动作设定的需要，将数字“5”改为“6”，使单击“小鱼儿”按钮时，动画跳转到第 6 帧并播放。修改后，动作编辑区中的新代码如下。

```
/*单击以转到帧并播放
单击指定的元件实例会将播放头移动到时间轴中的指定帧并继续从该帧播放
可在主时间轴或影片剪辑时间轴上使用
说明：
在单击元件实例时，使用希望播放头移动到的帧编号替换以下代码中的数字 5
*/
yu_mc.addEventListener(MouseEvent.CLICK, fl_ClickToGoToAndPlayFromFrame);
function fl_ClickToGoToAndPlayFromFrame(event:MouseEvent):void
{
    gotoAndPlay(6);
}
```

步骤 7　此时，跳转代码编辑完成，但是还缺少一个关键的设置，就是为“角色”层的 4 个关键帧添加停止代码，选中“角色”图层的第 1 帧，按快捷键“F9”调出“动作”面板，单击其右上角的“代码片段”按钮，打开“代码片段”面板，在英文输入法状态下输入代码“stop();”。使用同样的方法为第 2 帧、第 4 帧和第 6 帧都加上代码“stop();”。此时的“时间轴”面板如图 8-19 所示。

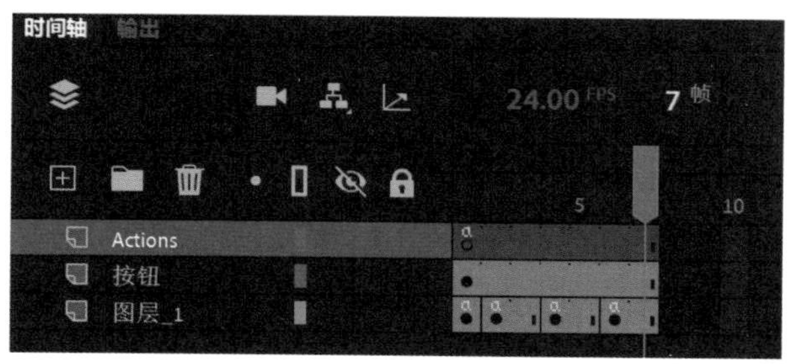

图 8-19 “时间轴”面板

步骤 8　代码编辑完成后，按快捷键“Ctrl+Enter”，运行动画，进行测试。

任务经验

ActionScript 脚本语言的功能强大，使用其编写程序时要确保严密的逻辑性，只有多加训练才能掌握精髓。

任务 4 动画影片输出

作品展示

在本任务中，我们将通过两个小案例来熟悉影片发布设置和动画导出的操作方法。案例 1：将任务 2 中的“真人实拍互动动画素材.fla”发布为.exe 格式的文件，如图 8-20 所示。案例 2：导出 GIF 格式的动态图片，如图 8-21 所示。

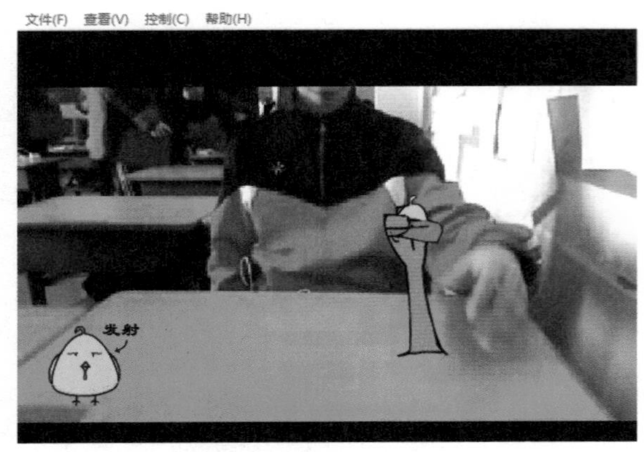

图 8-20　案例 1 发布效果

图 8-21　GIF 动态图片导出效果

任务分析

案例 1 的操作思路为，在 Animate 2022 中打开动画源文件，选择“文件”菜单→“发布设置”命令，在“发布设置”对话框中进行相应的设置。案例 2 导出 GIF 动态图片的方法为，选择“文件”菜单→“导出”子菜单→“导出动画 GIF”命令，在“导出图像”对话框中进行相应的设置。

任务实施

案例 1：

步骤 1　打开“项目八 交互功能和影片输出\项目八 素材及源文件\任务 4\真人实拍互动动画素材.fla”文件。

步骤 2　选择“文件”菜单→“发布设置”命令，打开“发布设置”对话框。

步骤 3　勾选“Win 放映文件”复选框，单击“输出名称”文本框右侧的“选择发布目标”

按钮，如图 8-22 所示。在打开的对话框中输入文件名“真人实拍互动动画”，并选择保存路径，如图 8-23 所示。单击“保存”按钮，返回“发布设置”对话框，此时“输出名称”文本框中出现了相应的保存路径和文件名称。

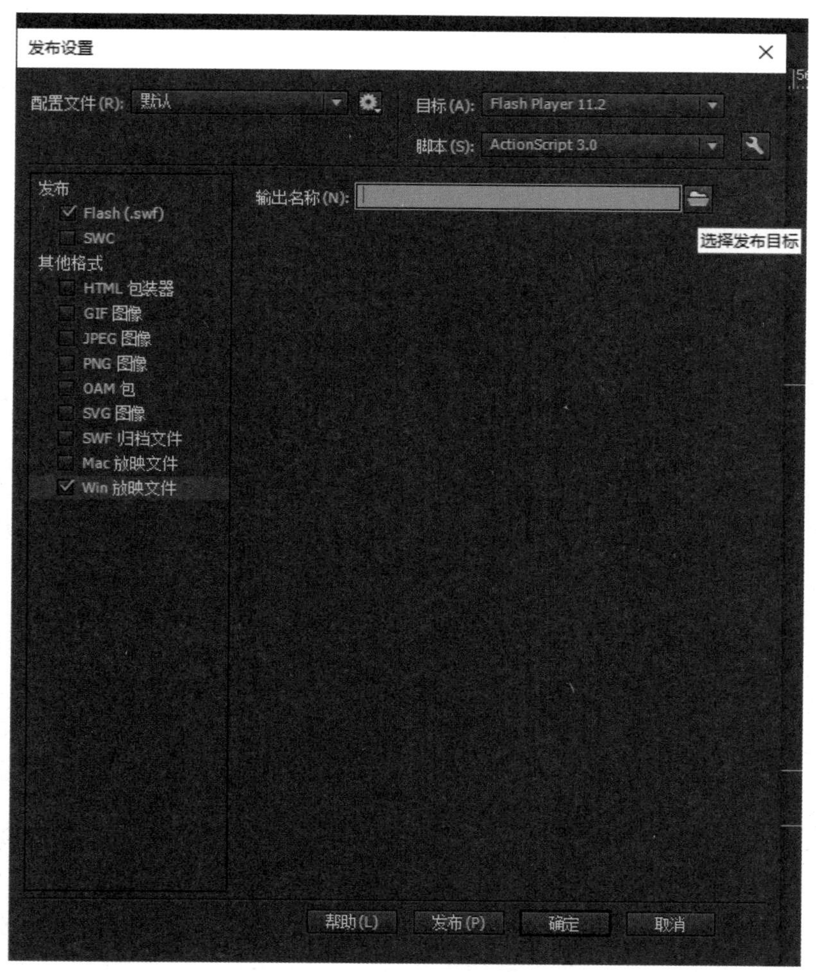

图 8-22 “发布设置”对话框

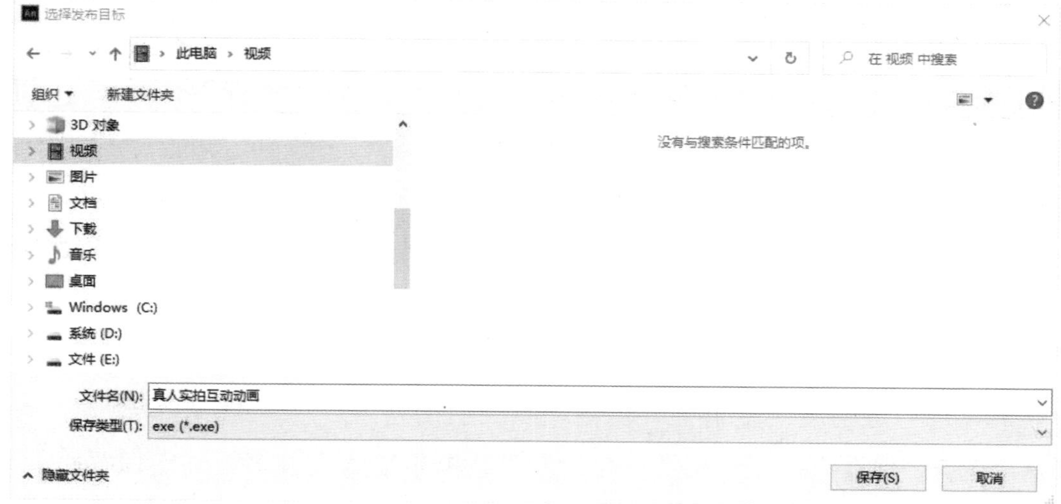

图 8-23 “选择发布目标”对话框

步骤 4 设置成功后，单击“发布设置”对话框下方的“发布”按钮，即可在相应路径中找到保存的“真人实拍互动动画.exe”文件。

步骤 5 双击打开“真人实拍互动动画.exe”文件，可以直接观看动画。

案例 2：

步骤 1 打开“项目八 交互功能和影片输出\项目八 素材及源文件\任务 4\早安表情动画.fla”文件。

步骤 2 选择“文件”菜单→“导出”子菜单→“导出动画 GIF”命令，打开“导出图像”对话框，如图 8-24 所示。

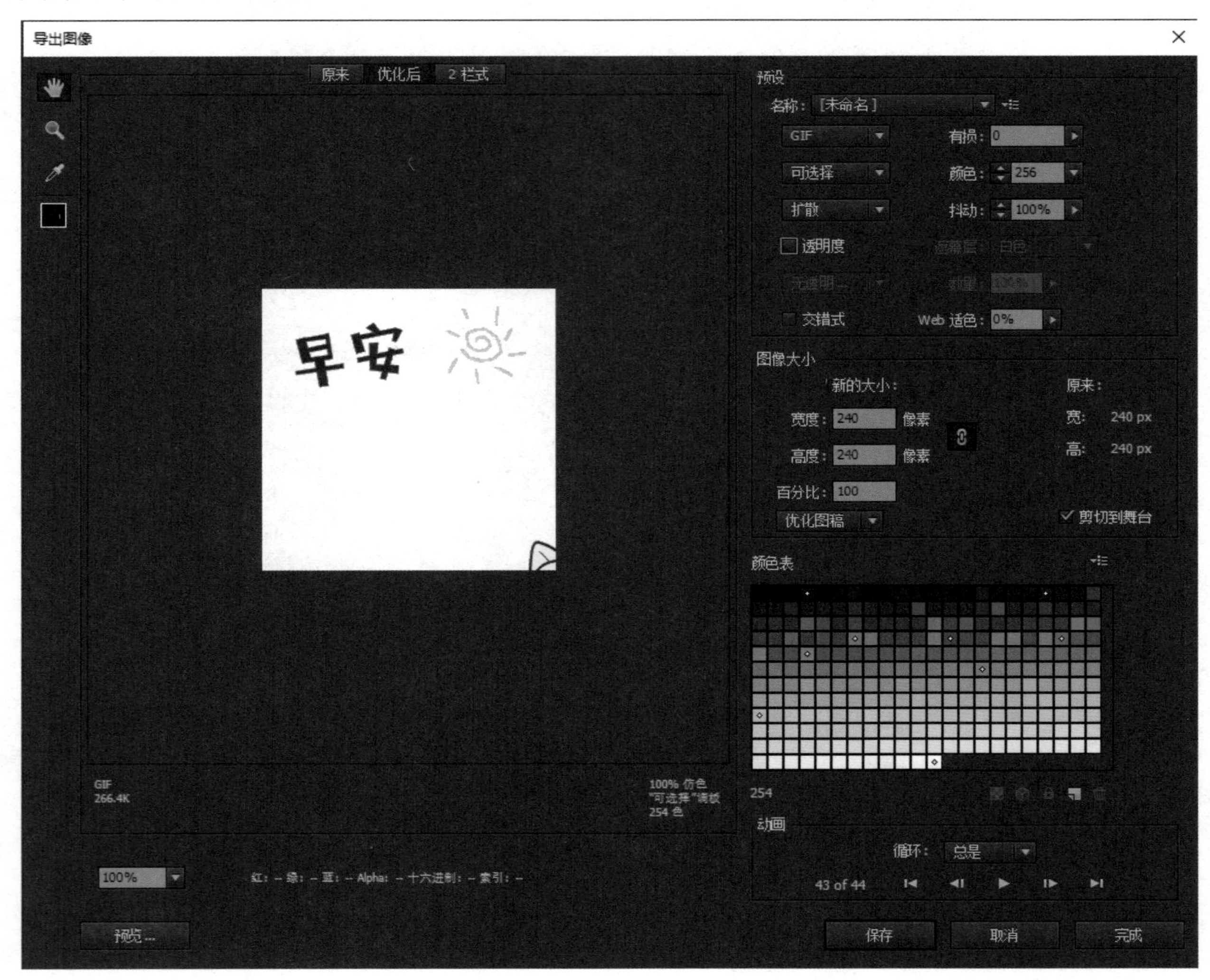

图 8-24 “导出图像”对话框

步骤 3 “导出图像”对话框右侧为设置选项，其中“透明度”复选框是默认勾选的，案例 2 需要取消勾选“透明度”复选框，保留动画白色的背景。

步骤 4 单击“保存”按钮，在“另存为”对话框中输入文件名，确定保存路径，即可完成 GIF 动态图片的导出。

 任务经验

打开“发布设置”对话框的快捷键是“Ctrl+Shift+F12”，执行“发布”命令的快捷键是“Ctrl+Alt+F12”。

思考与探索

思考：

1．调出“动作”面板的快捷键是什么？

2．添加脚本时的输入法要处于什么状态？

3．如何导出GIF格式的动画？

探索：

1．“一粥一饭，当思来处不易；半丝半缕，恒念物力维艰。”动画“粒粒皆辛苦”是一个号召大家珍惜粮食的交互动画，内容是将散落的麦穗、麦粒捡回到袋子里。提示：此处用到了拖放代码，主要代码如下，仅供参考。

```
/* 拖放
通过拖放移动指定的元件实例
*/
maisui_mc.addEventListener(MouseEvent.MOUSE_DOWN, fl_ClickToDrag_3);
function fl_ClickToDrag_3(event:MouseEvent):void
{
    maisui_mc.startDrag();
}
stage.addEventListener(MouseEvent.MOUSE_UP, fl_ReleaseToDrop_3);
function fl_ReleaseToDrop_3(event:MouseEvent):void
{
    maisui_mc.stopDrag();
}
/* 拖放
通过拖放移动指定的元件实例
*/
maili_mc.addEventListener(MouseEvent.MOUSE_DOWN, fl_ClickToDrag_4);
function fl_ClickToDrag_4(event:MouseEvent):void
{
    maili_mc.startDrag();
}
stage.addEventListener(MouseEvent.MOUSE_UP, fl_ReleaseToDrop_4);
function fl_ReleaseToDrop_4(event:MouseEvent):void
{
```

```
    maili_mc.stopDrag();
}
```

动画效果如图 8-25 所示。

图 8-25 “粒粒皆辛苦”动画效果

2．大家都知道“红灯停，绿灯行”，且遵守交通规则是每个公民应尽的义务。动画“红灯停，绿灯行”是一个交通安全类交互动画，内容是按照红绿灯的变化控制小汽车的运动。提示：主要代码如下，仅供参考。

```
/*单击以转到帧并播放
单击指定的元件实例会将播放头移动到时间轴中的指定帧并继续从该帧播放
可在主时间轴或影片剪辑时间轴上使用
说明：
在单击元件实例时，使用希望播放头移动到的帧编号替换以下代码中的数字 5
*/
stop();
qidong_mc.addEventListener(MouseEvent.CLICK, fl_ClickToGoToAndPlayFromFrame);

function fl_ClickToGoToAndPlayFromFrame(event:MouseEvent):void
{
    gotoAndPlay(2);
}
/*单击以转到帧并播放
单击指定的元件实例会将播放头移动到时间轴中的指定帧并继续从该帧播放
可在主时间轴或影片剪辑时间轴上使用
说明：
在单击元件实例时，使用希望播放头移动到的帧编号替换以下代码中的数字 5
*/
chongxin_mc.addEventListener(MouseEvent.CLICK, fl_ClickToGoToAndPlayFromFrame_2);
function fl_ClickToGoToAndPlayFromFrame_2(event:MouseEvent):void
{
    gotoAndPlay(2);
}
```

动画效果如图 8-26 所示。

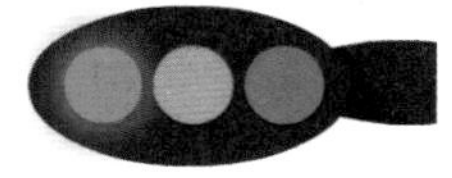

图 8-26 “红灯停，绿灯行”动画效果

项目小结

项目八是 Animate 2022 软件教学中的重点内容之一，也是难点部分，通过丰富、典型的任务范例讲解了二维动画中常用的交互功能实现方法和动画导出的操作方法。要掌握这部分内容，大家需要勤思考，多操作。

制作二维动画片

项目九

项目导读

本项目是对前面学习的所有知识的综合运用，通过《保护环境》和《端午安康》两部二维动画片的制作实践，使学生切实体会二维动画片的制作乐趣，掌握二维动画片的制作流程，包括前期设计、中期制作和后期合成的方法与步骤，从而有效地提高学生的动画制作效率和动画制作水平。

学会什么

① 二维动画片的制作流程

② 剧本创作与分镜头设计的技巧

③ 综合运用前面所学知识制作完整的二维动画片

项目展示

范例分析

本项目共有两个任务，分别制作了两种类型的二维动画片，综合运用了前面所学的知识。

任务 1 的作品如图 9-1 所示，《保护环境》是按照二维动画片制作流程制作的动画片，片中主人公“小鱼”所处的水环境被人类乱扔的垃圾破坏，呼吁大家增强环保意识，爱护水资源。本任务中运用了绘画技巧、元件实例、补间动画、音效、交互等技术，并且在制作中使用了动态电子分镜的形式。

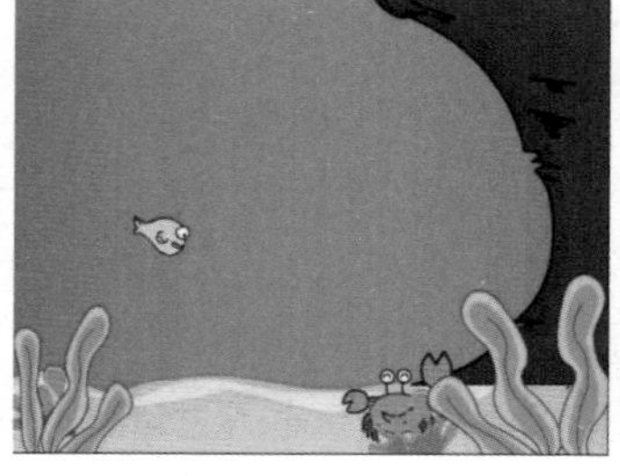

图 9-1 《保护环境》动画片

任务 2 的作品如图 9-2 所示，《端午安康》是关于中国传统节日端午节的贺卡动画片，片中融入了中国元素，让画面、音乐与动画完美结合，营造了浓浓的节日氛围，寄托了深深的端午祝福。

图 9-2 《端午安康》动画片

学习重点

通过前面的学习，学生应该已经掌握了使用 Animate 2022 制作动画的方法，并且可以根据自己的想法进行设计创新。但是对制作一部完整的动画片而言，仅仅掌握动画技术是远远不够的，要想制作出好的动画片，必须掌握二维动画片的制作流程。本项目重点介绍二维动画片的制作过程，使学生通过亲身体验来制作完整的动画片，将之前所学的知识技巧灵活运用，体会二维动画片的制作乐趣。

储备新知识

二维动画片的制作流程

二维动画是由传统动画演变而来的，它简化了传统动画的许多复杂制作流程，使用计算机软件取代了部分手绘内容，提高了动画的制作效率。一般的二维动画片制作要经过前期设计阶段（剧本创作、美术设计、分镜头设计）、中期制作阶段（原画与动画制作）、后期合成阶段（剪辑合成、配音输出），如图 9-3 所示。

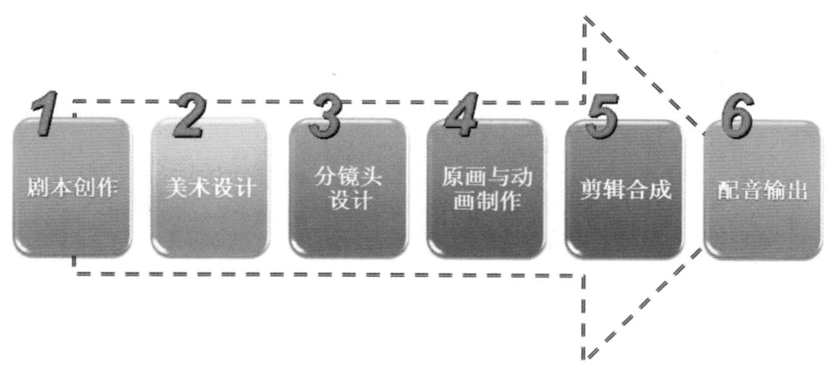

图 9-3 二维动画片的制作流程

1. 前期设计阶段

1）剧本创作

剧本，顾名思义就是一剧之本。在制作一部动画片之前，首先要有一个关于动画片的构思，这些构思通常使用文字来描述，而这些文字内容将是导演制作这部动画片的依据。我们通常将这些文字称为动画片的文字剧本。一部成功的影视剧作品，总是需要先由剧本提供一个扎实的创作基础。剧本作为影视剧的一个很重要的组成部分，是动画片制作中的第一个环节，并且是基础环节，在很大程度上决定了一部动画片是否受人喜爱。因此，大家要重视剧本的创作。

优质的剧本是一部优秀影片的前提，创作剧本要先确定剧本的类型。动画片的分类方法很多，通常根据其长短分为连续剧和单本剧；根据故事发生的地点分为室内剧和室外剧。二维动画片多以大家最为喜爱的幽默剧、动作剧或 MTV 动画等类型分类。

2）美术设计

美术设计包括角色设计、场景设计和道具设计，是总体美术风格的设定。

（1）角色设计。角色设计就如同拍影视剧时挑选演员一样，需要多方面考虑。设计者要根据剧本的内容和角色的性格特点来构思与创作，且需要有一定的美术基础，并经过反复创作、修改、再创作，才能塑造一个成功且具有独特风格的卡通角色。

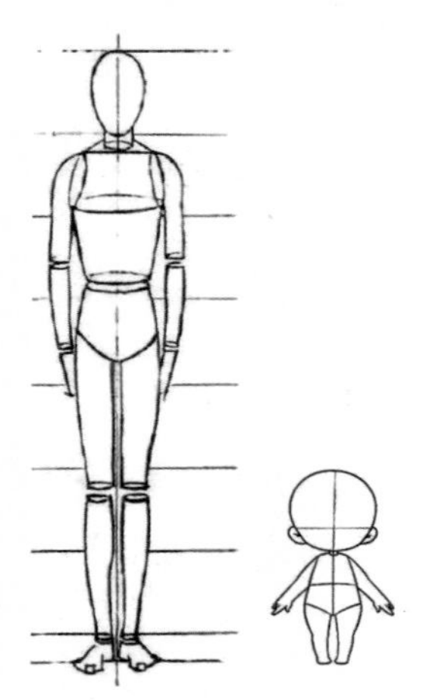

图 9-4　写实风格与 Q 版风格角色的头身比例

设计角色时要注意两点：一是将角色的身材比例、表情尽可能地夸张、变形；二是造型的线条要优美流畅、尽量简化。这样做才能适应画面的要求，因为在一部由多人共同参与制作的动画片中，只有造型简洁明了，才不至于在绘制的过程中走形变样。

动画片中的角色基本分为写实和 Q 版两种风格，两种风格的角色的头身比例如图 9-4 所示。一般来说，在写实风格的动画角色设计中，形象刻画比较细腻，线条圆润流畅。在 Q 版风格的动画角色设计中，角色的线条趋于简化，更多的是利用色彩塑造形象的层次感。Q 版角色设计效果如图 9-5 所示。

图 9-5　Q 版角色设计效果

（2）场景设计。场景设计是美术设计的一部分，在动画片制作中的作用是十分重要的。场景需要准确地表达出故事发生的时间、地点、文化背景、历史风貌等，同时，好的场景设计还能起到塑造客观空间、表现角色性格、展示角色心理活动、营造气氛等作用。室内场景和室外场景设计效果如图 9-6 所示。

图 9-6　室内场景和室外场景设计效果

（3）道具设计。在美术设计中，道具设计是其中的重要一环，道具可以介绍人物身份、刻画人物性格、渲染情境、辅助表演、推动情节发展等，其作用是非常重要的。成功的道具设计，不仅是一部动画作品中简单的视觉陪衬，而且在很多时候超越了角色本身而成为一种个性化的视觉标志。道具与整个动画作品中的氛围、风格、角色、情节等都有着密不可分的关联和影响。道具设计效果如图 9-7 所示。

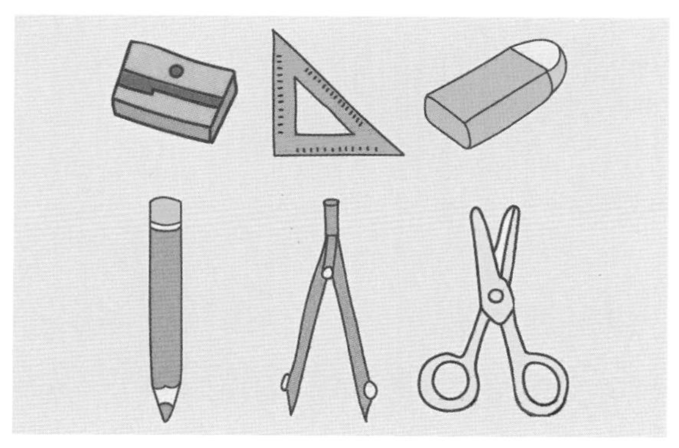

图 9-7　道具设计效果

美术设计要求设计者具有较强的美术功底。无论是角色、场景还是道具，很多素材都是源于生活的，大家平时要多注意观察生活中的事物，最好准备一个速写本，随时记录下你观察到的生活点滴或者脑海里闪过的创作灵感，为动画创作积累优秀素材。

3）分镜头设计

分镜头设计这一环节是需要设计者认真思考的，因为它是视觉化影片的制作依据，动画好不好看，观众喜不喜欢，在很大程度上取决于分镜头的画面。好的分镜头设计能把用文字描述的各种精彩剧情转换成生动的画面，这种生动的场面有效地保留了文字剧本的内涵。出色的分镜头能为以后的动画制作环节节省大量的时间与成本。

分镜头设计一般包括镜头画面内容和文字描述部分。

镜头画面内容包括故事情境、角色动作、镜头提示、景象层次结构、空间分布和明暗对比等。文字描述包括对白、景别、音效、时间镜头变化及场景转换方式等视听元素。这里给大家分享一个简单生动的小动画的纸质分镜，仅供参考，如图 9-8 所示。

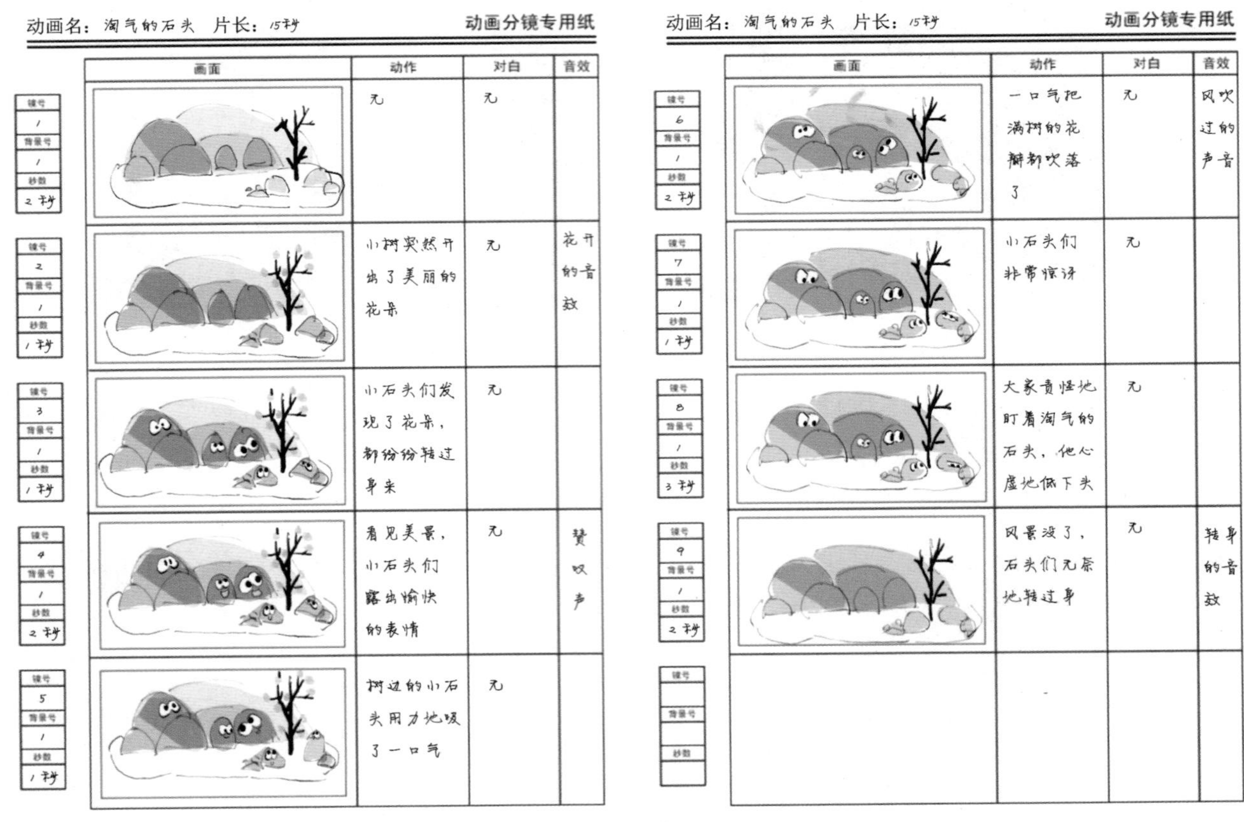

图 9-8 《淘气的石头》纸质分镜设计效果

除了纸质分镜，电子分镜也是动画公司经常使用的一种分镜形式。电子分镜相对于纸质分镜来说更加视觉化、便捷化、动态化，是对整部片子的一次预演，无须导演多次讲解分析，就能对即将制作的动画有直观的了解和认知。这种分镜形式比较受欢迎，且容易操作。

2. 中期制作阶段

1）原画制作

原画制作也称动作设计，是对动画中角色关键动作的创作。原画设计师的主要职责是按照剧情和导演的意图，完成动画镜头中所有角色的动作设计，画出一张张动作表情各异的关键动态画面。在每个镜头中，角色的连续性动作必须由原画设计师画出其中的关键动态画面，才能进入后续的动画制作程序。

图 9-9　动画中的原画和中间画

中间画是指两个关键帧之间的插补帧画面，是原画的“助手”。将原画的关键动作之间的变化过程，按照原画所规定的动作范围、张数及运动规律绘制出的画面就是中间画。动画中的原画和中间画如图 9-9 所示。

2）动画制作

动画制作过程如下。

（1）创建库、绘制元件。按照镜头内容制作动画中所需要的元件，并将它们保存到库中以备使用。

（2）绘制关键帧、过渡帧。参照分镜画面绘制每个镜头。镜头的绘制按照先绘制关键帧，再绘制过渡帧的方式来完成。对于帧的制作，不同情况下有不同类型动画的制作方法。

（3）上色。根据设计好的颜色效果为绘制完成的帧上色。

（4）编辑时间轴。通过调整 Animate 时间轴上的图层与时间，完成每个镜头的制作。

3. 后期合成阶段

二维动画片的后期制作阶段主要包括剪辑合成、配音输出等。

二维动画片的后期制作有两种方式：一是直接在 Animate 中为制作的动画添加背景音乐和音效，之后输出，形成最终的二维动画片，主要用于在网络上传播的动画片；二是按照镜头逐个输出动画的序列帧，之后在更专业的剪辑软件中制作特效，剪辑合成并最终输出，主要用于电影、电视传播和内容比较多的动画片。

任务 1 环保公益短片——保护环境

作品展示

《保护环境》动画片是一个简洁明快的动画，部分截图如图 9-10 所示。

图 9-10 《保护环境》动画片部分截图

任务分析

《保护环境》是一部综合性较强的环保动画片，其故事情节完整，矛盾冲突明显，环保宣传目标明确。片头、片尾的制作让作品更加完整，同时起到点题的作用。片中添加的音效在烘托动画氛围感方面有着良好的表现力。本任务中运用了绘画技巧、元件实例、补间动画、音效添加、交互等技术。

任务实施

剧本创作

《保护环境》动画片的剧本

美丽的小鱼在水底高兴地游玩，水底不时冒出可爱的气泡。突然一只破旧的鞋子从上面掉下来，差点儿砸到小鱼的头，小鱼被吓了一跳，一转身，又有一些垃圾从水面沉下来，小鱼再也高兴不起来，伤心而惊恐地逃跑了，留下了原本应该美丽却被堆满垃圾的水底。该短片呼吁大家“爱护环境 珍惜水源”。

美术设计

1. 角色设计

片中的主要角色为小鱼，如图 9-11 所示。

2. 场景设计

片中的场景为水底画面，如图 9-12 所示。

图 9-11　小鱼

图 9-12 水底画面

3. 道具设计

片中用到的道具为人类扔入水中的垃圾，道具效果如图 9-13 所示。

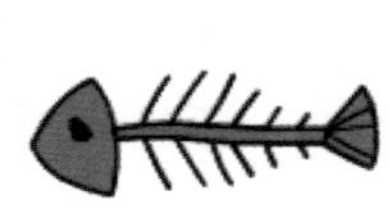

图 9-13　道具效果

分镜头设计

本任务的分镜头设计采用了电子分镜的形式，在分镜头中就将小鱼的外形轮廓和基本动作制作完成，初步确定了关键帧和动画情节，这样做有助于把握动画的节奏和确定关键帧的位置。本任务的动态分镜部分截图如图 9-14 所示。动画分镜文件路径为“项目九 制作二维动画片\项目九 素材及源文件\任务 1\《保护环境》电子分镜.fla”，仅供参考。

图 9-14 动态分镜部分截图

绘制库文件

按照前期设定的美术风格，将主角小鱼、道具和小鱼活动的水底画面等绘制出来并存放在库中，以备在稍后制作动画的时候调用。例如，对于运动气泡的绘制，建议在影片剪辑中制作一个向上飘动的气泡，命名为“移动的气泡”，稍后在制作过程中将“移动的气泡”元件多次拖曳到场景中的合适位置，即可完成气泡动画的制作。库文件效果如图 9-15 所示。

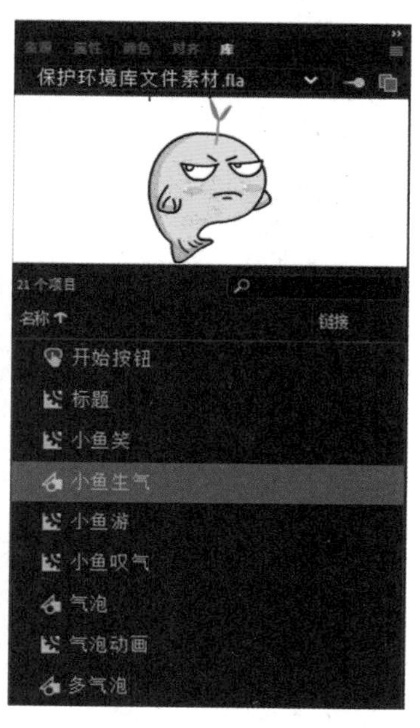

图 9-15 库文件效果

制作动画

前期设计完成之后，就可以根据电子分镜的内容进行时间轴的编辑了，下面编辑并制作这个动画。

步骤 1 打开“项目九 制作二维动画片\项目九 素材及源文件\任务 1\《保护环境》电子分镜.fla”，观看电子分镜，了解动画的情节和节奏。将文件另存到需要保存文件的计算机盘符下，命名为“保护环境”，为按照电子分镜绘制内容，制作动画做准备。

步骤 2 新建图层，将其命名为“背景”，开始制作动画。首先制作动画片头部分，片头部分一般会给出片名、作者、相应的画面和开始按钮等信息。这里将小鱼作为开始按钮很有新意，单击小鱼图形即可播放动画。动画片头效果如图 9-16 所示，按钮交互功能的实现方法在项目八中已经介绍过，同学们可以参看相关实现方法。

图 9-16 动画片头效果

步骤 3 动画部分的制作从第 2 帧开始，在小鱼游过来之前展示的是水底美丽的环境和上升的气泡。在第 2 帧处插入关键帧，从库中调出水底画面、气泡等元件并放在合适的位置。

步骤 4 新建图层，将其命名为“动画”，新建“小鱼动作”图形元件，将“小鱼动作”图形元件拖曳到“动画”图层中，制作小鱼游动的动画，这部分持续到第 99 帧，如图 9-17 所示。

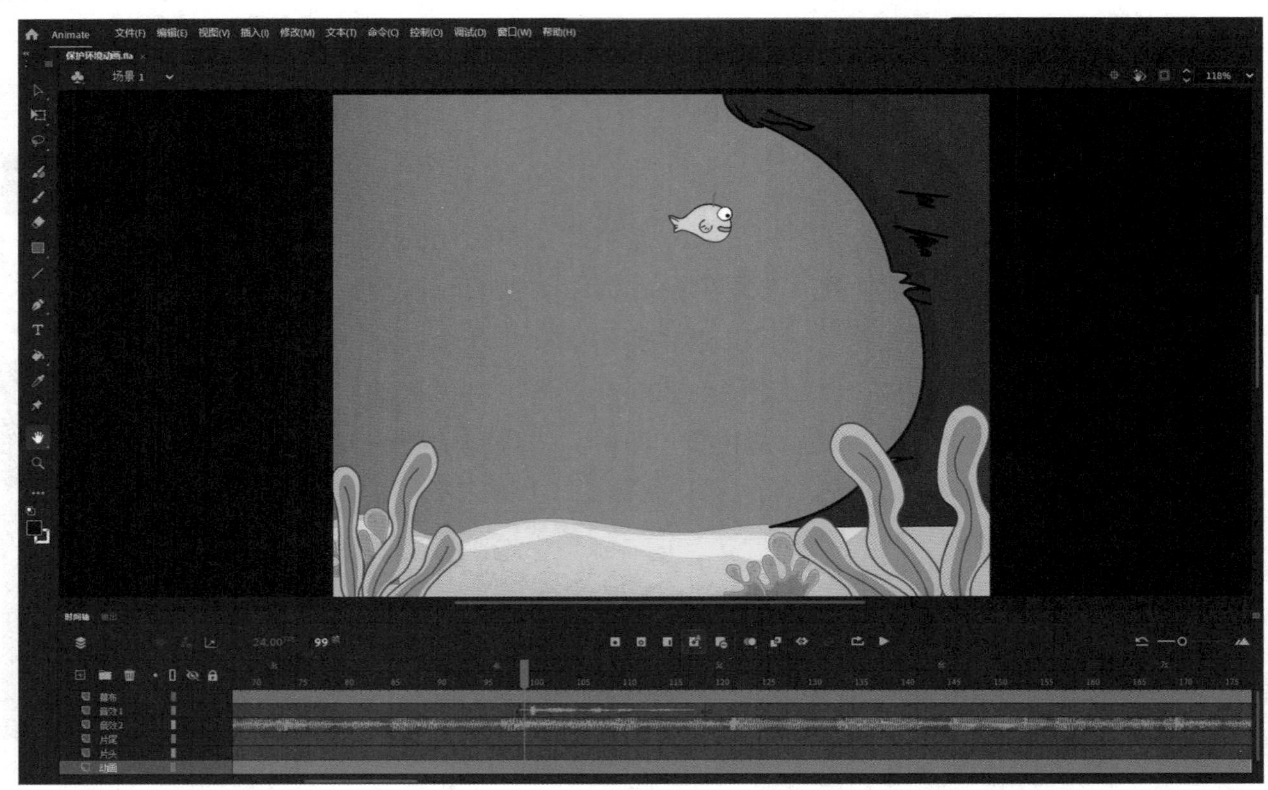

图 9-17　小鱼游动的动画

步骤 5 进入“小鱼动作”图形元件内部，新建图层，将其命名为“下落”，在第 100 帧和第 122 帧之间制作垃圾从上面落下的动画，这里使用了逐帧动画，效果如图 9-18 所示。同时，在第 124 帧处插入关键帧，制作小鱼大吃一惊后转身的动画，如图 9-19 所示。

图 9-18　垃圾从上面落下的动画

图 9-19　小鱼大吃一惊后转身的动画

步骤 6　进入“小鱼动作”图形元件内部，新建图层，分别命名为“靴子”、“盒子”和“瓶子”等，制作更多垃圾被抛入水里，小鱼伤心游走的动画，如图 9-20 所示。

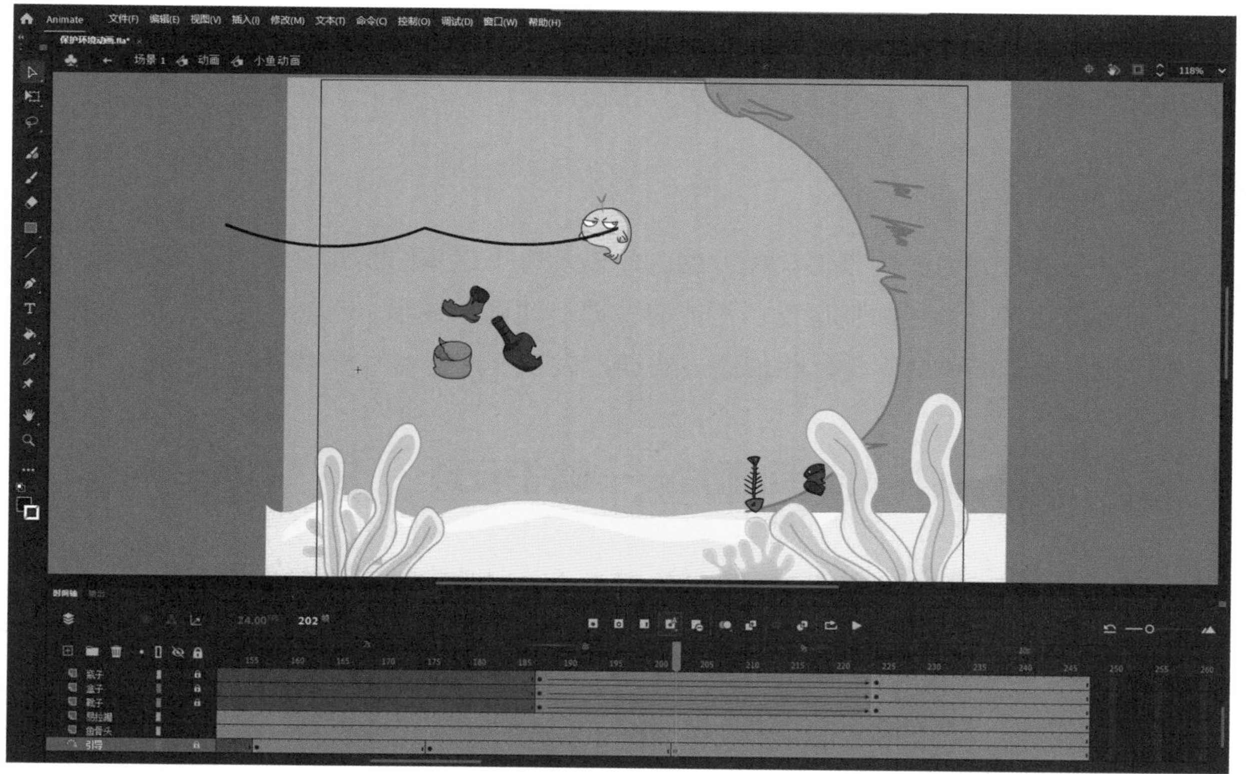

图 9-20　更多垃圾被抛入水里，小鱼伤心游走的动画

步骤 7 接下来制作动画片尾部分，制作字幕“请保护水资源，不要再让鱼儿们哭泣”，最后将“重播”按钮元件拖曳到场景中，设置交互功能，效果如图 9-21 所示。

图 9-21 动画片尾效果

步骤 8 按快捷键“Ctrl+Enter”播放动画，查看效果。如果存在与预期效果不一致的地方，则对其进行修改。反复运行调试之后，动画片就制作完成了，直接输出即可。

任务经验

动态分镜能更好地控制整部动画片的时间以及每个镜头的具体时间，更直接地体现每个镜头之间如何连接，角色如何运动，还能有效地节约制作成本。当然，电子分镜的制作要求较为熟练地掌握 Animate 软件，相信通过实训，大家一定能够掌握得很好。

任务 2 制作贺卡动画片——端午安康

作品展示

贺卡动画片是二维动画片的一种常见表现形式，温馨的祝福加上唯美的画面，再搭配恰当的音效，会给观众带来视觉和听觉的完美享受。本任务要求制作端午节的贺卡动画片，部分截图如图 9-22 所示。

图 9-22 《端午安康》贺卡动画片部分截图

任务分析

农历五月初五是我国的端午节，端午节又称端阳节、龙舟节等。大家知道端午节都有哪些传统习俗吗？端午节的传统习俗在内容上是丰富多彩的，主要有赛龙舟、挂艾草、食粽子、放纸龙、放纸鸢、拴五色丝线、佩香囊等，如图 9-23 所示。

图 9-23 端午节的传统习俗

本任务需要运用之前所学的动画知识，完成一个端午节贺卡动画片的制作。通过剧本创作、美术设计、分镜头设计、动画制作及后期剪辑等步骤，学生可以进一步感受二维动画片的制作流程，实现动画相关知识的综合运用。《端午安康》贺卡动画片借传统节日送出真挚的祝福，同时承载着满满的民族自豪感。

任务实施

剧本创作

好的动画离不开好的剧本，剧本是动画制作最基本的依据。在制作动画之前，我们要先确定好剧本。《端午安康》贺卡动画片的剧本内容如下。

《端午安康》贺卡动画片的剧本

"五月五，过端午，赛龙舟，敲锣鼓，端午习俗传千古"，又是一年五月五，风和日丽，河面上进行着龙舟比赛，领队在船头奋力击鼓，队员们则全力划着手中的船桨，飞溅起层层水花……自古以来，人们用赛龙舟的方式祈求风调雨顺收成好。祝福亲朋好友端午安康！

美术设计

1. 角色设计

片中的角色是奋力划桨赛龙舟的粽子，该角色源于真实的粽子原型，添加了五官表情之后，为角色赋予了生命力，如图 9-24 所示。

图 9-24 角色设计

2. 场景设计

片中的场景内容包括晴朗的天空、远处的山和龙舟比赛的水面，如图 9-25 所示。

图 9-25 场景设计

3. 道具设计

片中用到的道具包括龙舟、鼓、鼓槌、船桨，如图 9-26 所示。

图 9-26 道具设计

分镜头设计

在完成剧本创作和美术设计之后，就要进入分镜头设计环节了。分镜头设计要求设计者具备两方面能力：一是较好的绘画能力，二是使用视听语言讲故事的能力。这两方面能力通过在实训中多学、多练，一定会有所提升的，希望大家能够多实践。分镜头设计如图 9-27 所示。

动画名：端午安康　　片长：16秒　　　　动画分镜专用纸

镜号	背景号	秒数	画面	动作	对白	音效
1	1	11秒 循环动画		循环击鼓动画 循环划船动画 龙舟在水中行进	无	背景音乐
2	1	11秒 循环动画		循环击鼓动画 循环划船动画 龙舟在水中行进	无	背景音乐
3	1	11秒 循环动画		循环击鼓动画 循环划船动画 龙舟在水中行进	无	背景音乐
4	2	1秒		“端午安康”文字淡入效果	无	无
5	2	4秒		“粽子1和粽子2”图形淡入效果	无	无

图 9-27　分镜头设计

绘制库文件

在制作动画片之前，我们需要先准备好动画片要用的素材，根据分镜头设计可知，要绘制的素材包括蓝天、白云、远山、江水、浪花、小粽子角色、龙舟、道具等。《端午安康》贺卡动画片的素材是使用数位板在“画世界”软件中绘制的，之后被导出为 PNG 图像以供动画片制作者使用，大家可以通过素材包中的视频了解绘画过程。《端午安康》贺卡动画片的素材绘制效果展示路径为“项目九 制作二维动画片\项目九 微课\任务 2 微课.mp4”，仅供大家参考。任务 2 的素材中还为同学们准备好了带有素材库的源文件，大家也可以直接将其用于动画片的编辑制作中。库文件如图 9-28 所示。绘制动画片的素材时不局限于一种软件，建议大家在动画片的美术设计过程中，找到自己的美术风格，做出不同效果的端午节动画片。

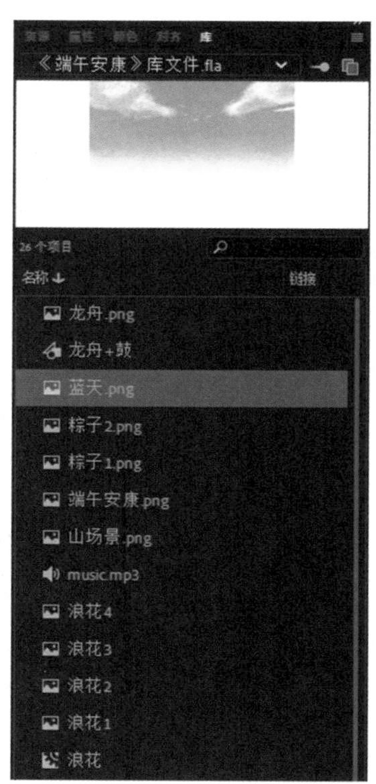

图 9-28　库文件

编辑时间轴

根据《端午安康》贺卡动画片的分镜头设计，从画面的角度分析，可分为两部分：一部分是在音乐背景下制作划龙舟的循环动画；另一部分是送出“端午安康”祝福的画面。在动画制作环节，我们需要重点制作的动画为击鼓动画和划船动画，以及龙舟摇晃和水花之间完美配合的动画。

在时间轴编辑规范方面，大家可以参考示例文件，动画源文件中已经将所有图层和元件进行了规范的命名，便于后期修改。在时间轴编辑思路方面，我们应当尽量将循环动画制作为图形元件或影片剪辑元件，再拖曳到场景 1 中，使得主时间轴看起来清晰明了。《端午安康》贺卡动画片的主时间轴效果如图 9-29 所示。

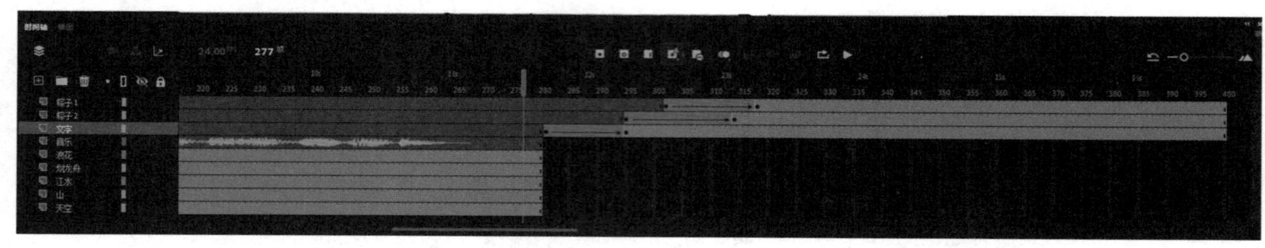

图 9-29　主时间轴效果

整部动画片使用 400 帧来完成，帧频为 24 帧/秒。下面我们来详细介绍一下重点动画的制作过程。

1. 镜头表现

镜头主要表现的是粽子 1 循环击鼓动画、粽子 2 循环划船动画及船的摇摆动画。主要动画的画面效果如图 9-30 所示。

图 9-30　主要动画的画面效果

2. 预览效果

观看“项目九 制作二维动画片\项目九 素材及源文件\任务 2\《端午安康》.swf”，了解动画片的整体制作效果。

3. 具体流程及详细步骤

步骤 1　如果同学们自己绘制了动画片的素材，可以先将素材导入到库中备用；如果没有绘制，可以打开“项目九 制作二维动画片\项目九 素材及源文件\任务 2\《端午安康》素材.fla”，并在此基础上制作动画片。首先设置画布大小为 1024 像素×810 像素，底色为白色。然后新建 3 个图层，分别命名为“天空”“山”“江水”。从库文件中将“蓝天”图形、“山场景”图形和“水面”影片剪辑分别拖曳到对应的图层中，并调整好层次和位置，将这 3 个图层锁定，效果如图 9-31 所示。

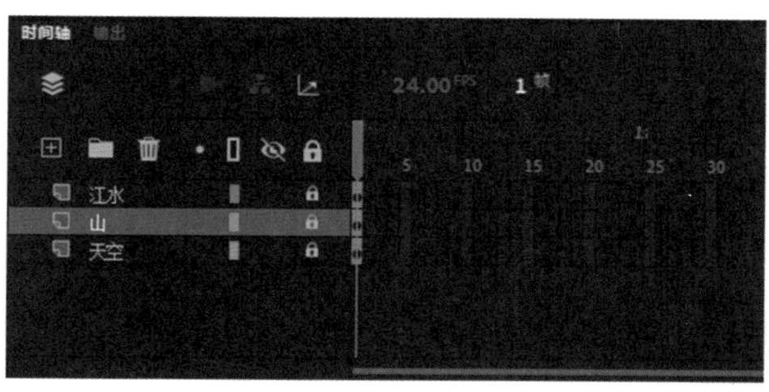

图 9-31　动画场景制作效果（1）

步骤 2　新建“龙舟动画”影片剪辑元件，在影片剪辑元件的时间轴中新建“粽子 1”“粽子 2”“龙舟”图层。从库文件中将“粽子 1”图形、“粽子 2”图形、“龙舟+鼓”图形分别拖曳到对应的图层中，并调整好位置和大小比例，效果如图 9-32 所示。

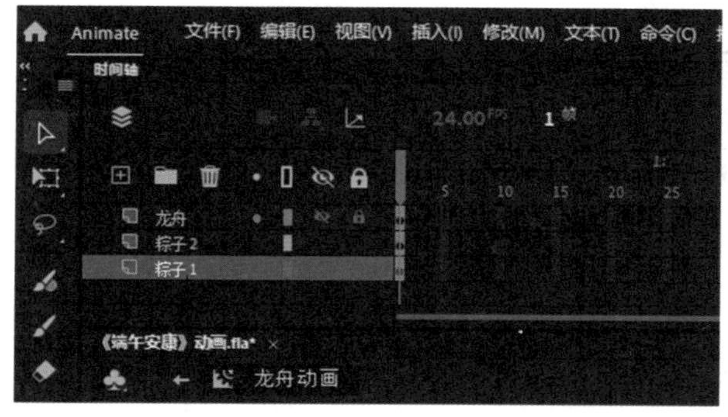

图 9-32　动画场景制作效果（2）

步骤 3　继续新建图层，为粽子添加双手和道具。先为粽子 1 创建 4 个图层，分别命名为“1 左手”“鼓槌 1”“1 右手”“鼓槌 2”。然后从库文件中将“1 左手”图形、“鼓槌 1”图形、“1 右手”图形、“鼓槌 2”图形分别拖曳到对应的图层中，调整左右手的大小和位置，以及鼓槌的大小和位置，直到合适为止，同时注意图层的顺序，确保粽子 1 手拿鼓槌的角度是正确的。使用同样的方法为粽子 2 创建 3 个图层，分别命名为“2 右手”“船桨”“2 左手”，从库文件中将“2 右手”图形、“船桨”图形、“2 左手”图形分别拖曳到对应的图层中，调整左右手的大小和位置，以及船桨的大小和位置。“龙舟动画”影片剪辑的图层和第 1 帧画面效果如图 9-33 所示。

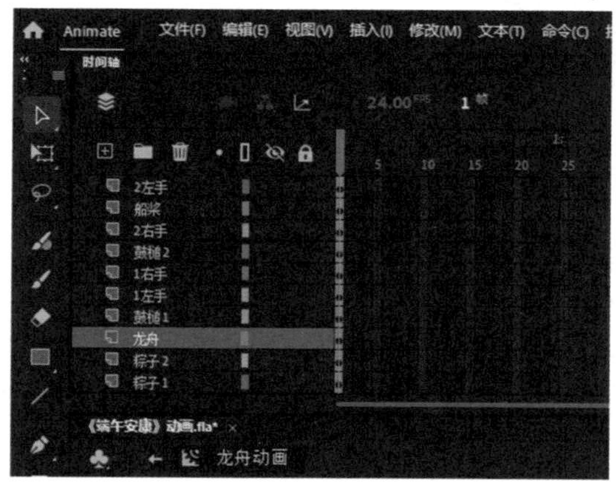

图 9-33　“龙舟动画”影片剪辑的图层和第 1 帧画面效果

步骤 4　在“龙舟动画”影片剪辑的第 5 帧处插入关键帧，调整角色手臂的动作，形成连续击鼓和划船的动画。这里建议大家在调整手臂动作的时候，以肩关节为轴进行调整，同时注意肩关节与角色身体的位置是相对固定的，不要出现相对的运动。“龙舟动画”影片剪辑的图层和第 5 帧画面效果如图 9-34 所示。

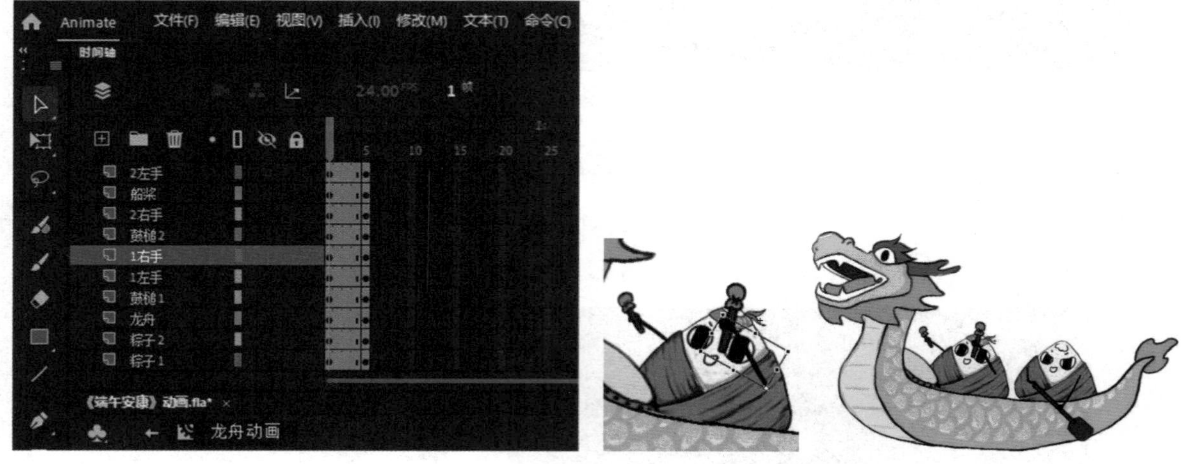

图 9-34　“龙舟动画”影片剪辑的图层和第 5 帧画面效果

步骤 5　在“龙舟动画”影片剪辑的第 10 帧处插入关键帧，调整角色手臂的动作，形成连续击鼓和划船的动画。这里依然以肩关节为轴进行调整，保持肩关节与角色位置不变，而手臂位置发生变化，鼓槌和船桨的位置随手臂位置的变化而变化。调整完成后，在第 15 帧处按快捷键“F5”插入普通帧来补齐动画时长，之后运行时间轴动画，检查这部分动画是否流畅，如果有问题，则需要继续修改。“龙舟动画”影片剪辑的图层和第 10 帧画面效果如图 9-35 所示。

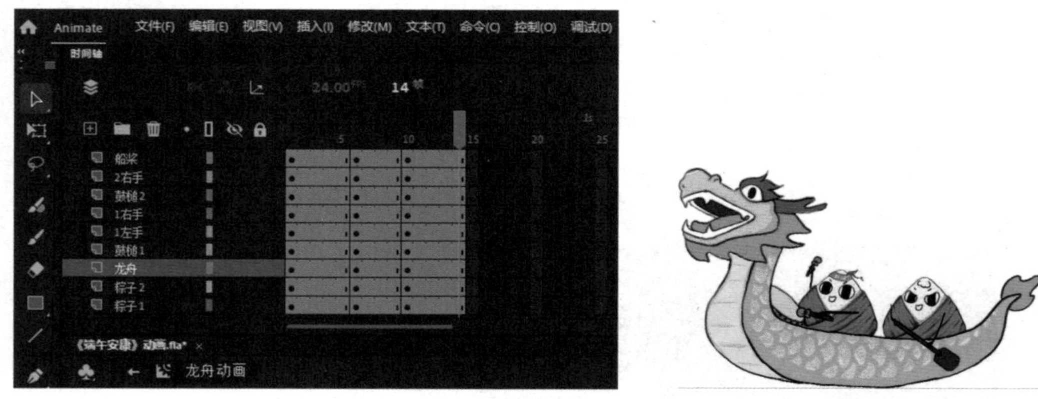

图 9-35　“龙舟动画”影片剪辑的图层和第 10 帧画面效果

步骤 6　为了生动、形象地表现在江面划船的动画，除击鼓和划船之外，我们需要制作船身晃动的效果，让龙舟漂浮的动作与击鼓、划船的动作融为一体。方法是将时间轴上所有的第 5 帧选中，并将“龙舟动画”影片剪辑中的所有元素都向前、向上平移一小段距离，注意是一小段距离，因为如果距离太大了，船就会跳跃起来。使用同样的方法将时间轴上所有的第 10 帧选中，并将画面中所有的元素都向前移动一小段距离。运行动画，查看效果，如果不合适，则需要继续调整，直到获得满意的效果。

步骤 7 回到场景 1 中，新建图层，将其命名为“划龙舟”，将刚才制作的“龙舟动画”影片剪辑拖曳到场景 1 中，并调整其大小和位置。新建图层，将其命名为“浪花”，从库文件中将“浪花”影片剪辑元件拖曳到场景中，根据龙舟的位置调整浪花的位置，让二者完美互动。场景 1 的时间轴和画面效果如图 9-36 所示。

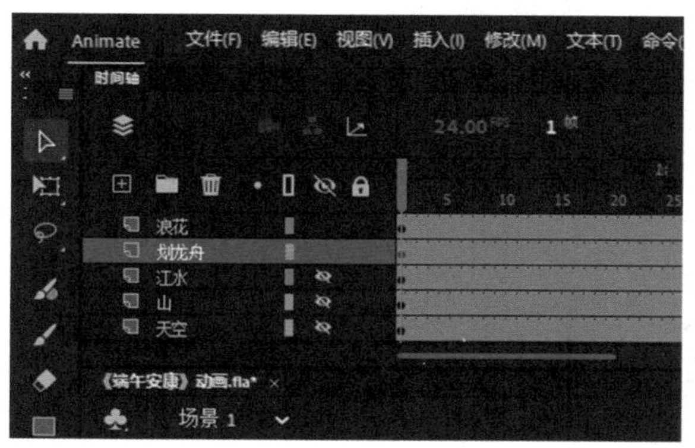

图 9-36 场景 1 的时间轴和画面效果

步骤 8 为动画添加音频。新建图层，将其命名为“音乐”，单击“音乐”图层的第 1 帧，在右侧属性栏中设置音频文件的“名称”为“music.mp3”、“同步”为“数据流”。延长场景 1 的时间轴到第 280 帧，使音乐播放完全，第一部分的动画就制作完成了。音频属性设置和场景 1 的时间轴如图 9-37 所示。

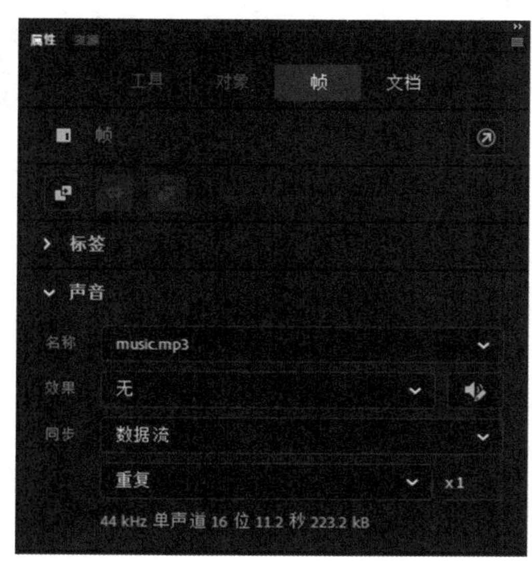

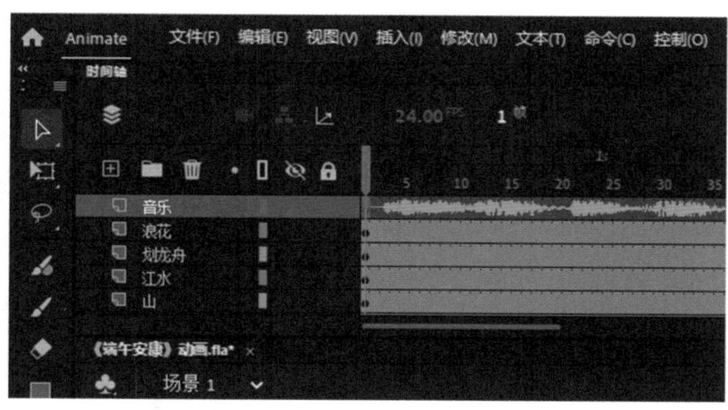

图 9-37 音频属性设置和场景 1 的时间轴

步骤 9 进入第二部分的动画制作。“端午安康”文字在最后出现，起到了点题的作用，这里需要突出重点表达的内容，所以并没有添加背景。接下来要做一个文字淡入的动画效果。新建图形元件，按快捷键“Ctrl+F8”，将其命名为“端午安康文字”。将库文件中的“端午安康”图形放在其中。回到场景 1 中，新建图层，将其命名为“文字”，在“文字”图层的第 281

帧处插入关键帧，将库文件中的“端午安康文字”图形元件拖曳到场景 1 中。在第 295 帧处插入关键帧，单击第 281 帧，之后单击画面中的文字，在右侧属性栏的“色彩效果”样式列表中选择“Alpha”选项，并将 Alpha 值设置为 0。此时第 281 帧处的文字变得完全透明。单击第 281 帧，创建一个传统补间，就实现了文字的淡入效果。延长时间轴到第 400 帧，让文字停留一段时间。属性设置和时间轴效果如图 9-38 所示。

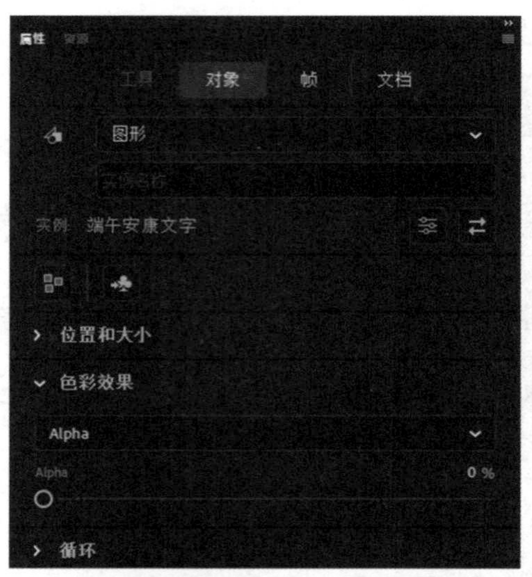

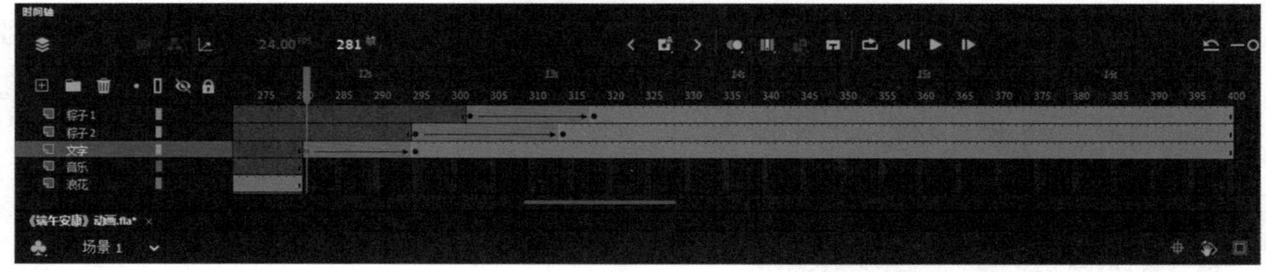

图 9-38 属性设置和时间轴效果

步骤 10 使用和制作文字淡入的动画效果一样的方法，制作粽子 1 和粽子 2 淡入的动画效果，如图 9-39 所示。

图 9-39 动画效果

影片输出

影片制作完成后，就可以将影片完整输出，由于在制作过程中已经添加了音效，因此不需要进行后期配音剪辑，只需要将影片调整好后输出即可。输出影片的方法是选择“文件”菜单→“导出影片”命令，在弹出的对话框中选择相应的输出格式、输出位置并保存，就可以看到影片了，如图 9-40 所示。

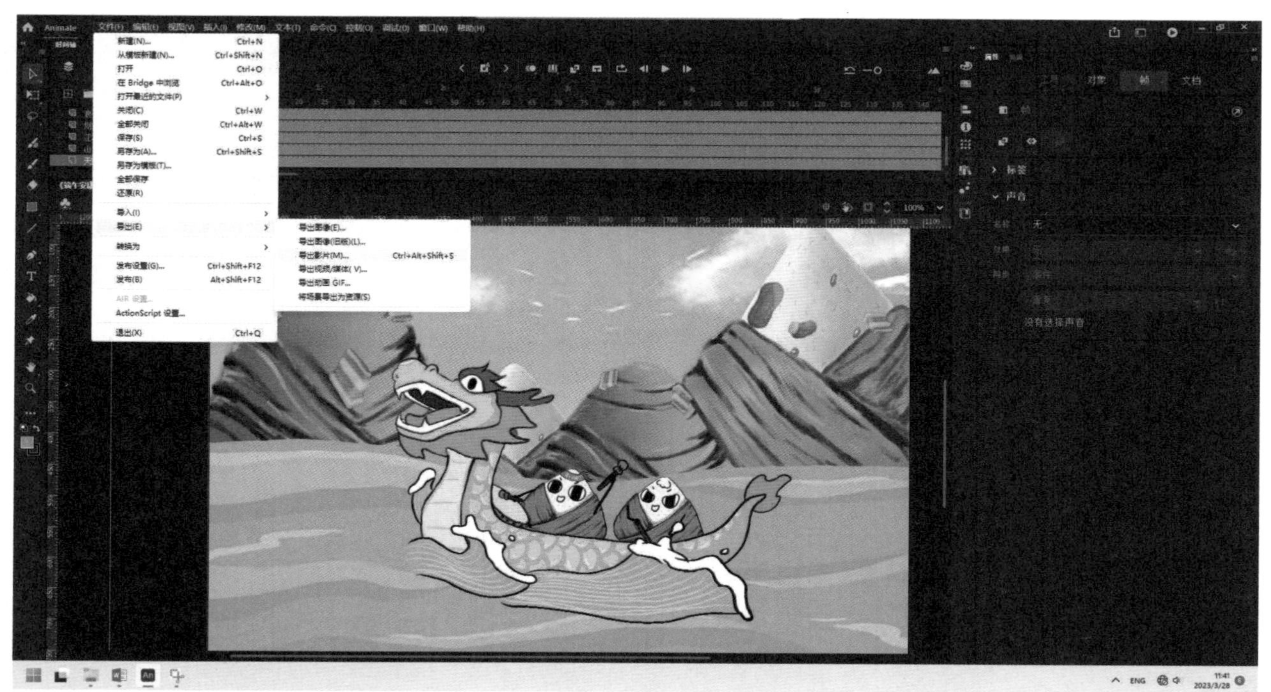

图 9-40　输出影片的方法

任务经验

本任务综合运用了前面所学的动画相关知识，需要注意的是，在制作循环动画的时候，应先在元件中完成，并在确定关键帧位置后再将其拖曳到场景 1 中，这样可以避免主场景中时间轴过分混乱、复杂的情况。另外，在制作二维动画片的时候要注意规范，应该准确地命名图层和库中的元件，方便团队中其他成员参与动画片的制作和修改。

思考与探索

思考：

1. 二维动画片的制作流程包括哪些内容？
2. 分镜头设计通常包括哪些内容？
3. 为什么制作循环动画时通常需要先在元件中完成，再将其拖曳到场景 1 中呢？

探索：

1．尝试制作环保 MTV 动画片《时过境迁》。

2．构思并制作一部贺卡动画片《生日快乐》。

项目小结

项目九没有局限于 Animate 2022 的使用，而是从制作二维动画片的整体角度出发，按照前期、中期、后期的制作流程，通过实践完成《保护环境》和《端午安康》两部二维动画片，使学生熟悉二维动画片的基本制作流程。项目中介绍了二维动画片制作的规范和相关技巧，以及重点场景、角色的具体制作方法和步骤，让学生亲身体会二维动画片从创意到完成的制作乐趣，有效提高其动画片制作水平。希望大家能够多思考、多实践，熟练掌握二维动画片的制作方法。